Carlos Palacios
Daniel Jaque
José Pérez

Civil 3D para estudiantes de ingeniería

Carlos Palacios
Daniel Jaque
José Pérez

Civil 3D para estudiantes de ingeniería

Civil 3D para estudiantes de ingeniería

Editorial Académica Española

Publisher:
Editorial Académica Española
is a trademark of
International Book Market Service Ltd., member of OmniScriptum Publishing Group
17 Meldrum Street, Beau Bassin 71504, Mauritius
Printed at: see last page
ISBN: 978-620-0-02275-2

Topografía en Civil 3D para estudiantes de Ingeniería

Daniel Alejandro Jaque Zapata

José Eduardo Pérez Mellado

Carlos Palacios Rojas

Índice.

Tabla de ilustraciones.

Introducción

El presente libro es una guía avanzada de AutoCAD Civil 3D, para estudiantes o profesionales de ingeniería, por lo que se comienza de la premisa que el lector está familiarizado con los espacios de trabajos y tipos de archivos que utiliza Autodesk.

Este libro se crea con el propósito de ser usado durante la formación de Ingenieros, como apoyo en el aprendizaje de la aplicación de la ingeniería y tecnología en el área de la topografía, esto gracias a que Autodesk entrega licencias académicas gratuitas para estudiantes, una gran ventaja en comparación con otros softwares de funciones similares a Civil 3D, además de que Autodesk ya lleva más de 35 años posicionado en el mercado del diseño asistido por computador.

Civil 3D, permite trabajar en distintos proyectos de ingeniería, caminos, paisajismo, obras viales, alcantarillados; tiene la capacidad de diseñar redes de tuberías, crear modelos 3D de alcantarillas pluviales, sistemas sanitarios y de servicios públicos, y ubicar estructuras de drenaje en vista de planta. (Roe, 2007)

BIM, permite que los proyectos tanto públicos como privados, a lo largo de todo el ciclo de construcción, se completen de manera más rápida, sustentable y menos costosa. Los procesos BIM y la tecnología 3D que se encuentran en las aplicaciones de software como Autodesk Civil 3D, están ayudando a los diseñadores y contratistas a encontrar mejores alternativas y mejorar la toma de decisiones, afectando así de gran manera el presupuesto de cada proyecto. (Schulz, 2009). Es por esto que manejar el conocimiento para usar una herramienta como Civil 3D es crucial en el actual mundo de la construcción y la ingeniería.

Este libro abarca algunos tópicos relevantes para ingenieros en la topografía, para llevar a cabo dibujos de levantamientos topográficos y lotificaciones de parcelas o terrenos.

La organización del contenido se divide en cuatro capítulos: importación de puntos, creación de superficies y curvas de nivel, creación de alineación y lotificación.

Para facilitar la comprensión de las temáticas tratadas, cada sección de este libro, tiene un video complementario en el cual se explica el mismo procedimiento aquí descrito. Complementario a esto, se proporcionan además los archivos de los levantamientos topográficos utilizados en este libro, para que el lector pueda desarrollar los ejercicios en conjunto con la lectura.

Capítulo 1: Importación de puntos

En este apartado, se abarca el cómo importar puntos desde un archivo de texto (txt) o un archivo de valores separado por comas (CSV por sus siglas en inglés), a un archivo de Autodesk (dwg). Para esto se desarrollará un ejemplo para todo el proceso de importación de puntos, definición de superficies y curvas de nivel, creación de perfiles longitudinales y transversales.

En primer lugar, se debe obtener un archivo, en uno de los formatos ya mencionados, directamente desde la estación total con la que se llevó a cabo el levantamiento. Este paso varía según el tipo y marca de *estación total* [1]que se use, desde conexión USB a bluetooth o memorias extraíbles.

Una vez obtenido el archivo, es necesario ordenarlo en el formato deseado, en caso de que la *estación total* no lo entregue de esta forma. Para esto, existen varios formatos aceptados por Civil 3D, por ejemplo: PNEZD siglas que indican respectivamente, punto, norte, este, cota, descripción. Puede haber variaciones de este formato como PENZD, donde varía el orden de las coordenadas este y norte.

En la Ilustración 1 se enumeran los pasos a seguir para importar un archivo de puntos, y se detalla cada una de sus partes.

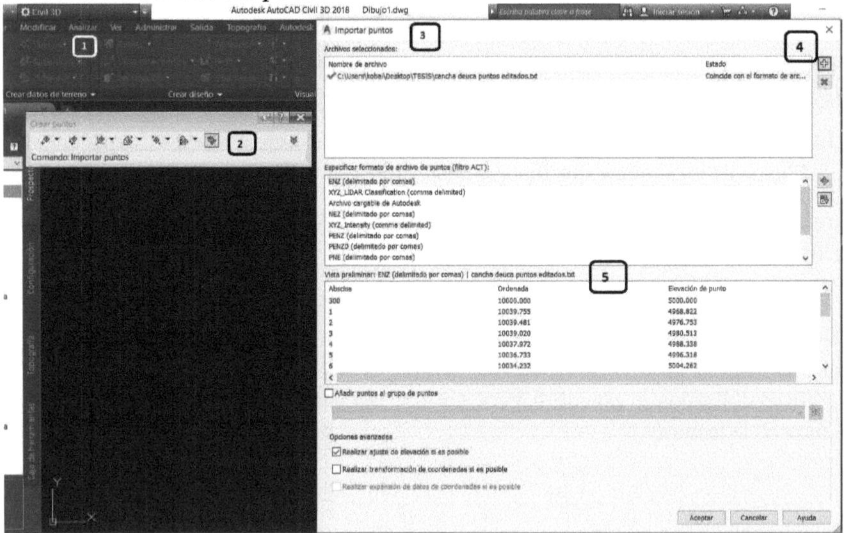

Ilustración 1 Herramienta importar puntos.

[1] Instrumento óptico-electrónico usado en la topografía actual, consiste en un teodolito electrónico con distanciómetro y un microchip que le permite realizar cálculos de coordenadas, acimuts y replanteos.

Pasos para la importación de puntos:

1. Apartado crear datos de terreno→ Puntos → Herramienta de creación de puntos, se abrirá el menú (2) Crear Puntos.
2. Herramienta de creación de puntos, la última opción a la derecha es la opción de importar puntos, se abrirá el menú (3) Importar Puntos
3. Una vez en el menú (3) Importar Puntos, se ven los distintos tipos de formato de orden compatibles con Civil 3D, como ejemplo, PENZD, este puede ir delimitado por comas o espacios dependiendo de cómo se haya definido el documento de puntos.
4. Añadir archivos, abre el menú examinar, para buscar el archivo de puntos dentro de las rutas del ordenador.
5. Vista previa del archivo de puntos utilizados como ejemplo, con su formato previamente especificado.

Una vez llevados a cabos los pasos, en la misma ventana importar puntos se entrega, la vista previa del listado de puntos, con la cual se puede revisar que hayan quedado bien ingresados. Luego de esto, solo queda aceptar para cerrar la ventana.

Nota: Cabe destacar, la importancia de preparar el documento con la información de los puntos exactamente igual a uno de los formatos compatibles con Civil 3D, por ejemplo, el formato PENZD, en el primer término (P, punto) debe haber un número, si hubiese una letra Civil 3D no lo reconocerá y habrá que editar la información del documento.

Luego de aceptar las opciones de importación de puntos, el archivo de texto con la información ya estará cargado en el archivo de Civil 3D, pero no se verán en el visor gráfico, por lo tanto, existen dos formas de visualizar la *nube de puntos* [2] que acabamos de importar:

1. La primera forma, es haciendo doble clic en el scroll del mouse, es decir en la rueda intermedia que trae por defecto el mouse.
2. La segunda forma es mediante el uso del comando ZE, el que permite mostrar gráficamente la nube de puntos.

---

[2] *Nube de puntos*: Visualización de un grupo de puntos ordenados según sus coordenadas con respecto a un punto de referencia.

Ambas formas, requieren de una espera de 5 segundos aproximadamente para mostrar la información en pantalla.

Para acceder al material de apoyo audiovisual "video 1 importación de puntos", alojado en la plataforma YouTube, acceder mediante el siguiente código QR.

O en el siguiente enlace:

https://www.youtube.com/watch?v=bwuSn4i5-AA&t=19s

1.1. Personalización de puntos

Una vez utilizada una de las formas para ver los puntos importados, se debería tener una visualización como la que se ve en la Ilustración 2 (*ejemplo cancha Deuca*)[3]

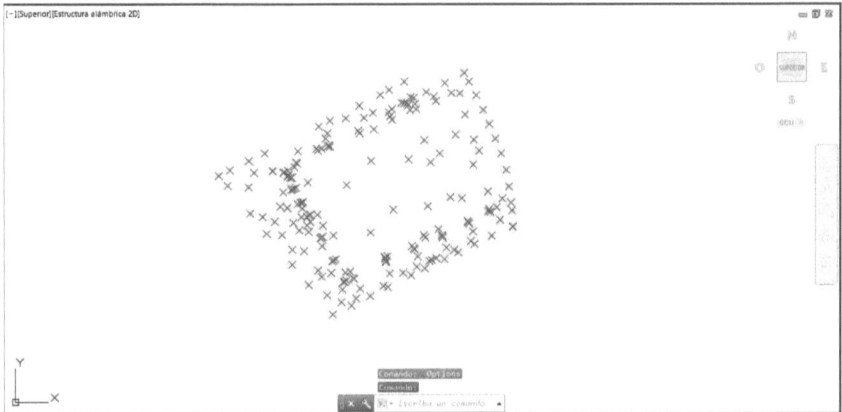

Ilustración 2 Vista previa nube de puntos.

De esta forma, todos los puntos tienen la misma representación, en este caso una cruz, independiente el código o descripción bajo el que estén agrupados, como por ejemplo los puntos que forman el cierre perimetral, tienen la misma representación gráfica que los puntos que forman el perímetro de la cancha.

Para cualquier objeto creado en Civil 3D, la forma en que se visualiza, se controla mediante un estilo, los estilos controlan la forma, el tamaño, la ubicación y la visibilidad de cada objeto. (Probert, 2008)

Es por esto que se personalizarán los distintos grupos de puntos. Para esto es necesario crear grupos de puntos, ya que Civil 3D, entrega por defecto solo un grupo, que abarca a todos los puntos importados.

Para crear un nuevo grupo, es necesario ingresar en la pestaña prospector → ampliar grupo de puntos → clic derecho en grupo de puntos y → "nuevo", como se muestra en la Ilustración 3.

---

[3] Se adjunta el archivo de texto (txt) "Cancha Deuca" en la descripción del video "Importación de puntos Civil 3D".

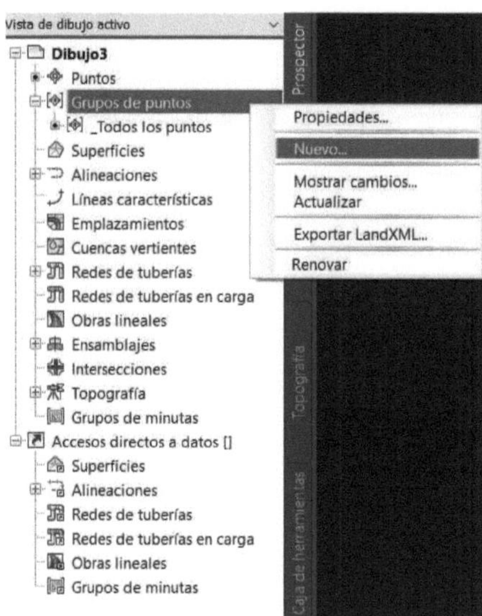

Siguiendo los pasos anteriores, se abrirá la ventana para crear nuevos grupos de puntos, ver Ilustración 4, desde donde podremos personalizar tanto el tipo de punto como la etiqueta que lo acompaña y definir qué puntos deben visualizarse de tal manera.

Ilustración 3 Creación de nuevo grupo de puntos.

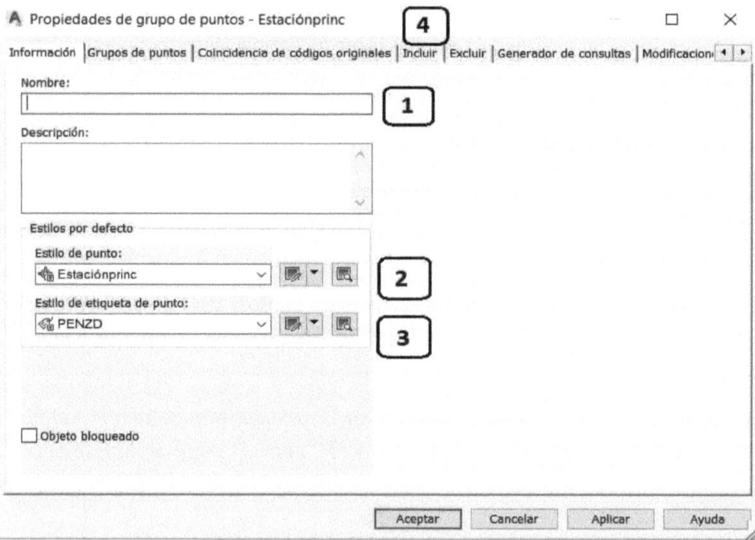

Ilustración 4 Propiedades de grupo de puntos, para su personalización.

1. Nombre del nuevo grupo de puntos: es el nombre para referenciar que puntos quedaran bajo el tipo de punto y la etiqueta que vamos a crear. En el ejemplo, se crearán los grupos de puntos, Estaciónprinc, Inter, Puntocancha, Cierre, Árbol, ya que estos fueron los códigos que se asignaron a los puntos recopilados durante el levantamiento ejemplo de la cancha en Deuca.

2. Estilo de punto: es la representación gráfica de cada punto, donde puede variar desde una cruz, un punto hasta un árbol visto en planta.

3. Estilo de etiqueta de punto: es donde se personaliza y defino lo que llevará la etiqueta de cada grupo e puntos, generalmente se consideran las coordenadas Este, Norte y su elevación Z.

4. En la pestaña incluir de la herramienta crear grupo de puntos, es donde definiremos que puntos corresponderán a este grupo de puntos, según el código o descripción que se le haya registrado en terreno.

Para personalizar el tipo de punto, accederemos al apartado (2) de las propiedades de nuestro nuevo grupo de puntos, que a modo de ejemplo tendrá el nombre de Cierre.

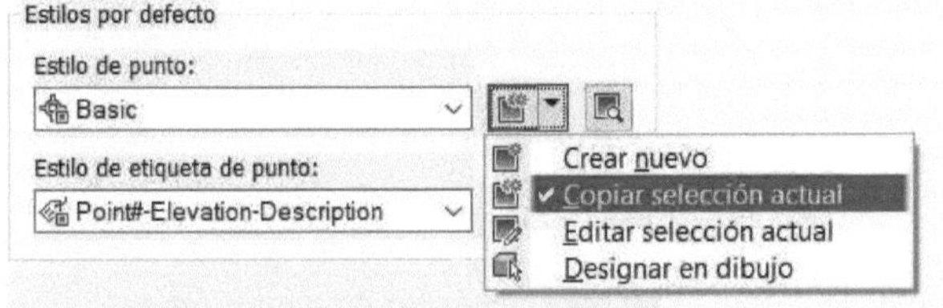

Ilustración 5 Apartado estilo de punto por defecto en propiedades de grupo de puntos.

Siguiendo los pasos en la Ilustración 5, se copia el estilo de punto por defecto, dando clic en copiar selección actual, así no se alterarán los que Civil 3D ofrece genéricamente.

Una vez seleccionada la opción para el estilo de punto "copiar selección actual", se abrirá el menú de la Ilustración 6.

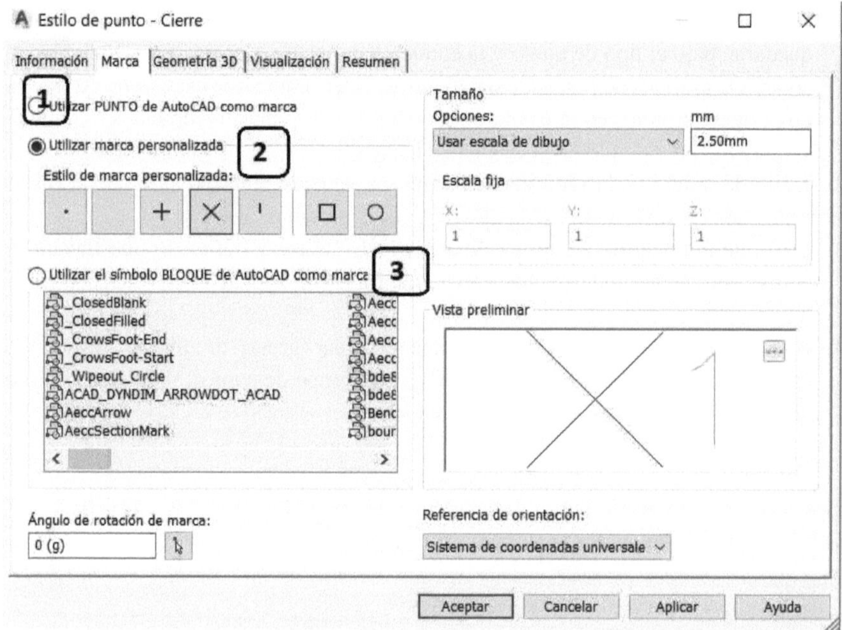

Ilustración 6 Herramienta de edición de Estilo de punto.

1. En la pestaña información, se define el nombre del estilo de puntos, en este caso será Cierre.
2. En utilizar marca personalizada, se puede escoger entre los estilos por defecto que ofrece Civil 3D.
3. En utilizar símbolo Bloque de AutoCAD, se selecciona entre los bloques que trae precargados el programa, como sería un árbol visto en planta, el cual se usará en los árboles de este ejemplo, para este grupo de puntos (Cierre), bastará con una cruz.

Luego se acepta esta ventana de estilo de puntos, y se procede a hacer lo mismo en el estilo de etiqueta de puntos, clic en la flecha hacia abajo para desplegar el menú y poder seleccionar copiar selección actual Ilustración 7, la que nos abrirá el siguiente menú de la Ilustración 8.

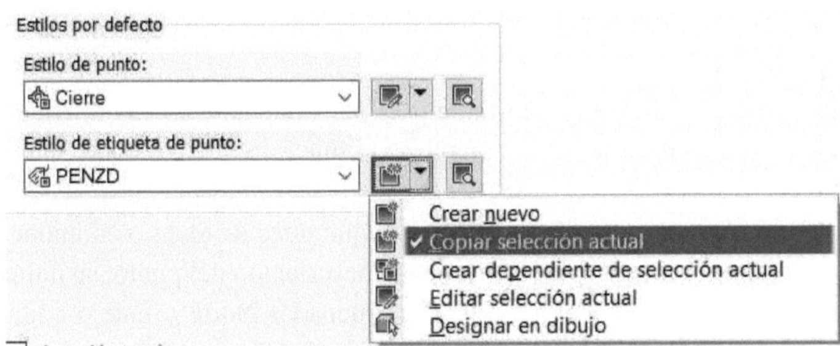

Ilustración 7 Apartado estilo de etiqueta por defecto en propiedades de grupo de puntos.

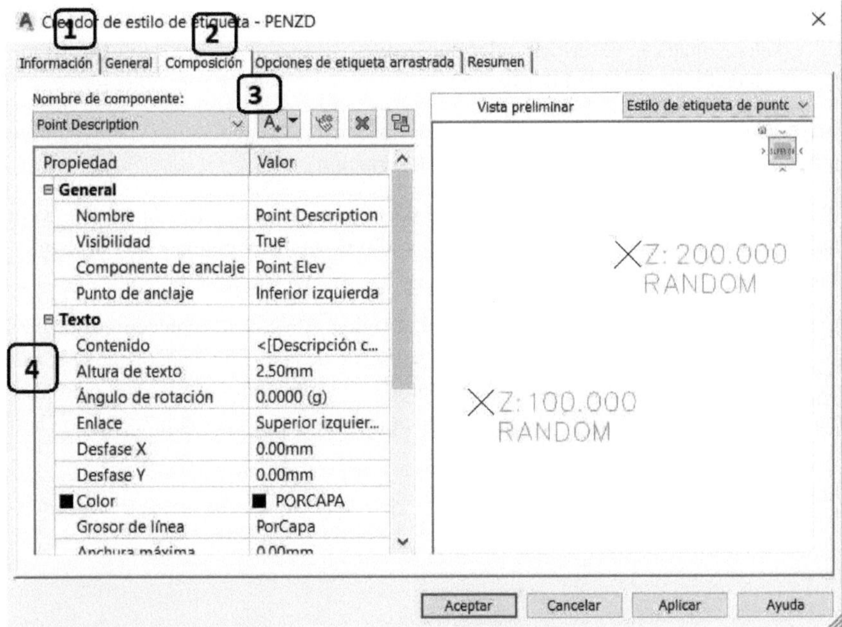

Ilustración 8 Herramienta para la creación o edición de estilos de etiquetas de puntos.

1. Información. nos permitirá definir el nombre del estilo de etiqueta, en este caso Cierre, para el ejemplo.
2. Composición, es la pestaña más importante para personalizar el estilo de etiqueta, en ella se encuentra lo necesario para añadir más líneas de texto a cada punto, y personalizarlas.
3. Nombre de componente: es donde se selecciona que línea de texto o componente se personalizará, por defecto Civil 3D entrega la descripción del punto, su número y su elevación Z, a esto se pueden agregar coordenadas Norte y Este o códigos según se desee. (Con el botón que indica el símbolo de adición y la letra A)
4. En el apartado "Texto", es donde se personalizan las etiquetas que aparecerán para cada punto, desde el tamaño del texto, hasta el ángulo y ubicación con respecto al punto en donde se encontrarán las etiquetas. El primer editable de esta sección "contenido", es donde se puede elegir qué información de cada punto aparece reflejada en la etiqueta, como se ve en la imagen, en este apartado está seleccionada la descripción del punto para la línea de texto "Point Description", seleccionada en el punto (3).

Para este ejemplo, la etiqueta para los puntos de Cierre, se dejará como viene por defecto en Civil (Número de punto, Z elevación y descripción)

Una vez personalizada a gusto, se acepta el creador de estilo de etiqueta, para proceder a elegir qué puntos serán los que llevarán el estilo de punto y etiqueta que acabamos de crear.

Para esto, en la pestaña incluir Ilustración 9, dirigirse a la casilla "con códigos originales que coincidan con:", y aquí ingresar el código escrito de la misma manera que se le asignó a los puntos durante la recopilación de puntos en terreno, para el caso del ejemplo, los puntos el cierre perimetral de la cancha Deuca, fueron registrados con el código Cierre.

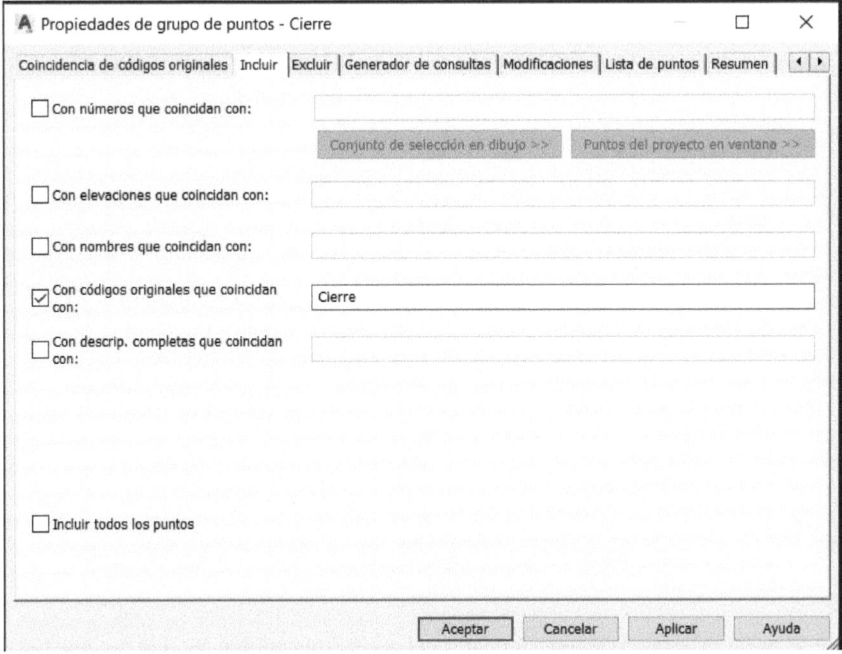

Ilustración 9 Pestaña incluir, de las propiedades de un grupo de puntos.

Luego de aplicar y aceptar, la nube de puntos que teníamos pasará a verse como en la Ilustración 10.

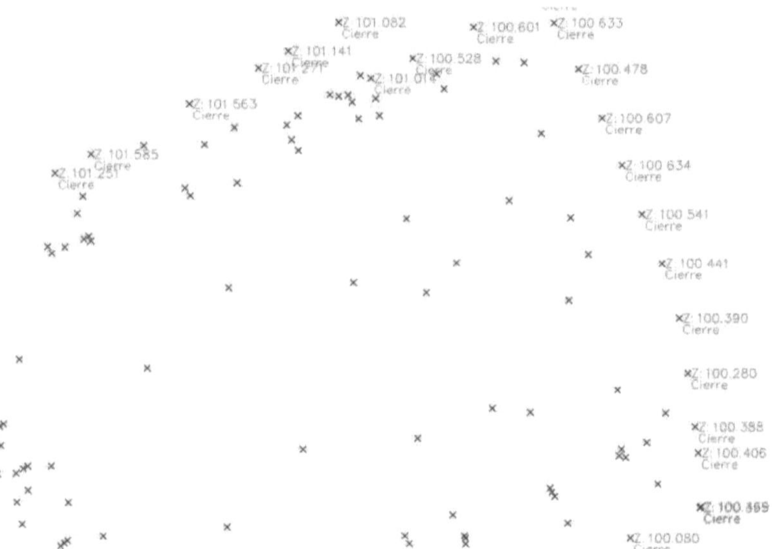

Ilustración 10 Vista previa de la etiqueta de puntos personalizada "Cierre".

Donde se puede apreciar, que son los puntos del perímetro exterior, los que han quedado con una Cruz, (estilo de punto personalizado), y con la etiqueta incluyendo descripción y elevación de cada punto.

De forma análoga, se realiza para cada tipo de punto respetando los códigos que se le asignaron a cada punto.

El ejemplo de la cancha Deuca, queda de la siguiente manera, personalizando las etiquetas (elevación y tamaño de los textos, incluyendo un ícono específico para cada estilo de punto) y el estilo de cada punto, ver Ilustración 11.

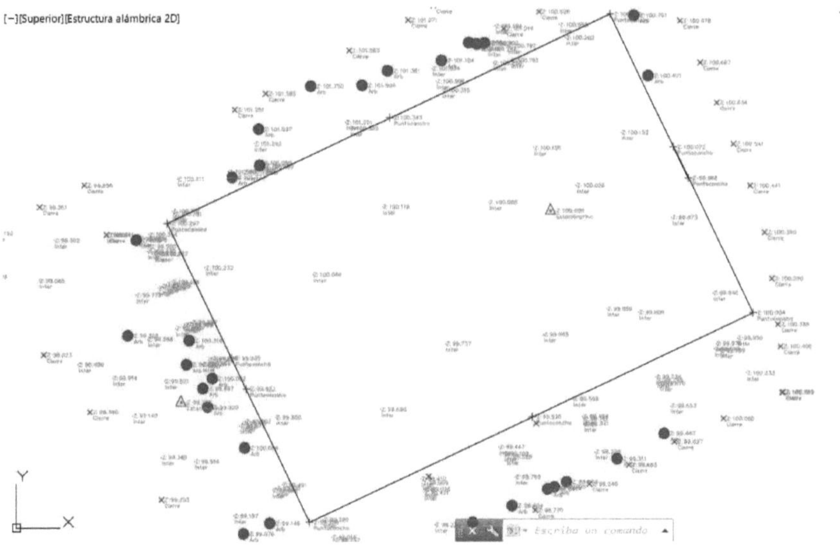

Ilustración 11 Vista previa de todas las etiquetas personalizadas agregadas al ejemplo.

Además, se agregó el dibujo en planta del rectángulo que une los puntos que conforman el perímetro de la cancha que se levantó a modo de ejemplo.

Se agrega una vista previa con acercamiento, para ver de mejor manera las etiquetas creadas, ver Ilustración 12.

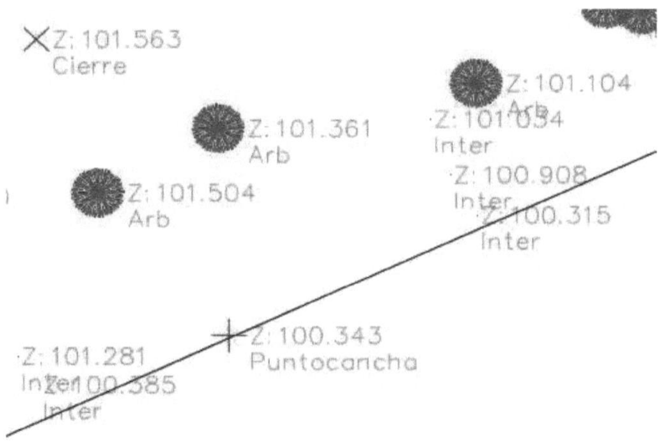

Ilustración 12 Vista previa en acercamiento de las distintas etiquetas personalizadas.

Con esto, ya se tiene por terminada la importación y personalización de una nube de puntos desde un archivo de texto, obtenido mediante estación total.

Para acceder al material de apoyo audiovisual "Video 2 Personalización de puntos", alojado en la plataforma youtube, acceder mediante el siguiente código QR.

O en el siguiente enlace:

https://www.youtube.com/watch?v=RnVgXSjCd7E&t=5s

1.2 Estilo de etiqueta y punto "Nulos".

Es necesario para facilitar los pasos siguientes, crear un estilo de etiqueta y de punto vacíos, es decir, que no muestren un estilo de punto ni etiqueta, y bajo este estilo abarcar todos los puntos importados, de manera que se pueden ocultar cuando sea necesario.

Para esto, basta seguir los pasos para crear un estilo de punto y etiqueta ya descritos, pero asignando las propiedades que se muestran en las imágenes.

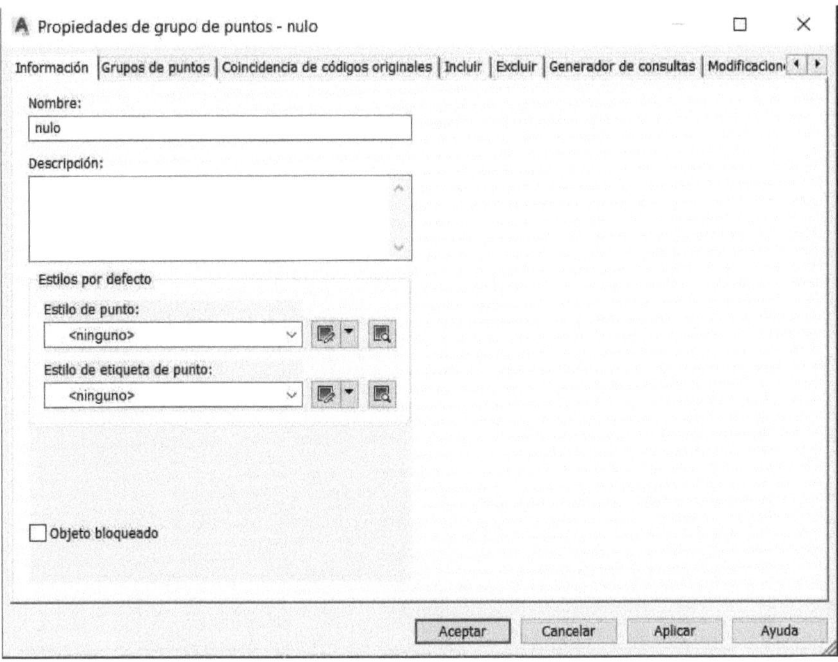

Ilustración 13 Propiedades de puntos para el grupo de puntos "Nulo".

Como se ve en la Ilustración 13, es posible seleccionar "ningún estilo" tanto para el punto como para la etiqueta, esta opción se encuentra al abrir el menú desplegable de cada estilo.

Luego, en la pestaña incluir, en vez de seleccionar la casilla "con códigos que coincidan con:", seleccionar la última casilla, que incluirá todos los puntos bajo este nuevo estilo "nulo", ver Ilustración 14.

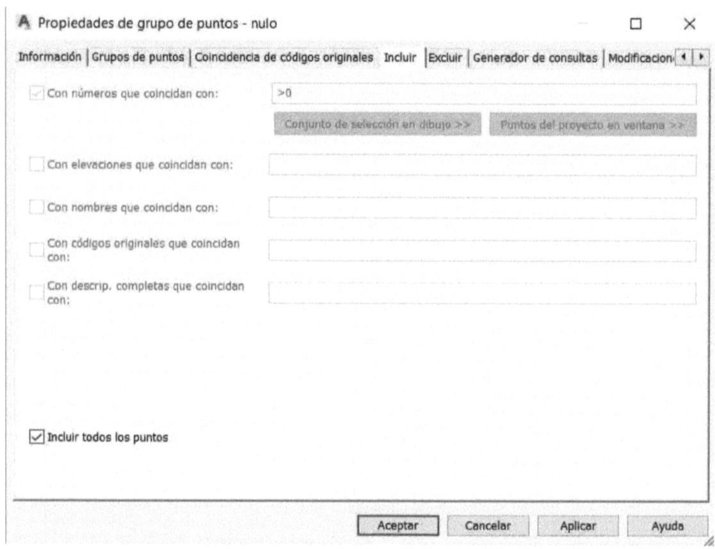

Ilustración 14 Pestaña incluir de propiedades del grupo de puntos "Nulo".

Luego para poder usar este estilo, es necesario cambiar la precedencia de la visualización de los estilos, para esto, dirigirse a grupo de puntos, clic derecho y propiedades, ver Ilustración 15.

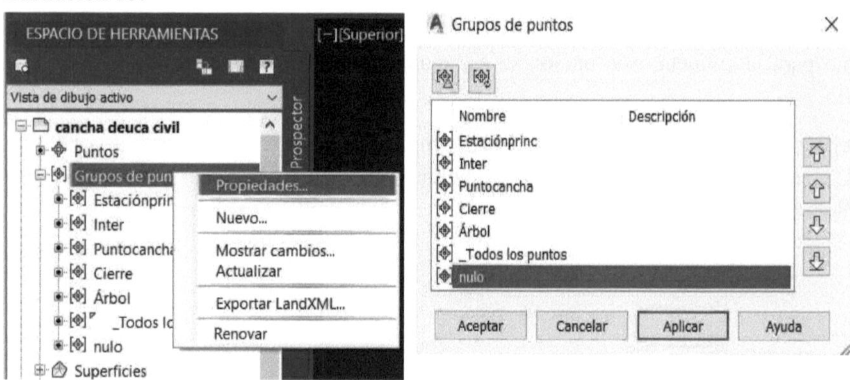

Ilustración 15 Menú desplegable Prospector, Grupos de puntos.

Ilustración 16 Grupos de puntos, editor de precedencia entre grupos.

Lo que entregará la información de los grupos de puntos que hay creados como se ve en la Ilustración 16, por defecto el grupo "Todos los puntos" viene creado, los demás

(Estaciónprinc, Inter, Puntocancha, Cierre, Árbol) fueron creados para el ejemplo, el estilo "Nulo", al crearse, aparecerá en primer lugar y ocultará la nube de puntos, por lo que con las flechas al costado derecho del menú grupo de puntos, es necesario bajarla al último lugar de precedencia para volver a visualizar la nube de puntos, de querer ocultar todo nuevamente, basta con subir el estilo nulo al primer lugar, de esta manera creamos una herramienta que nos permite ocultar la información para los pasos que vienen a continuación y tener un espacio de dibujo más limpio.

Para acceder al material de apoyo audiovisual "Video 3 estilo de etiqueta y puntos nulo", alojado en la plataforma youtube, acceder mediante el siguiente código QR.

O en el siguiente enlace:

https://www.youtube.com/watch?v=L4_kXRWphIM

1.3 Resumen capítulo uno.

Luego de seguidos los pasos descritos a lo largo del capítulo uno de este manual: Importación de puntos, el lector debería tener en su archivo, una nube de puntos visibles, personalizados a su gusto, tanto en visualización, como en la información que acompaña a cada punto. Así como también una manera de limpiar el espacio de trabajo, quitando las visualizaciones de los estilos de puntos y etiquetas que se requieran, para mejorar la visibilidad de los pasos a seguir en los siguientes capítulos.

Capítulo 2: Creación de superficies y curvas de nivel

2.1. Crear Superficie

Una vez importada y personalizada la nube de puntos, el siguiente paso es crear una superficie y con esta sus respectivas curvas de nivel, para poder tener una representación gráfica de todos los eventos presentes en el terreno.

Autodesk Civil 3D, puede generar superficies mediante datos de reconocimiento básicos, como una nube puntos y líneas. Las herramientas de trabajo para superficies que entrega Civil 3D, permiten usar grandes conjuntos de datos como fotogrametría aérea, digitalización láser y modelos de elevación digitales. Permitiendo visualizar esta información a través de una superficie con curvas de nivel o triángulos, para un mejor análisis de elevación y pendientes (Núñez, 2015).

Para la creación de una superficie, en el menú prospector, en el apartado superficie → clic derecho → Crear Superficie, ver Ilustración 17

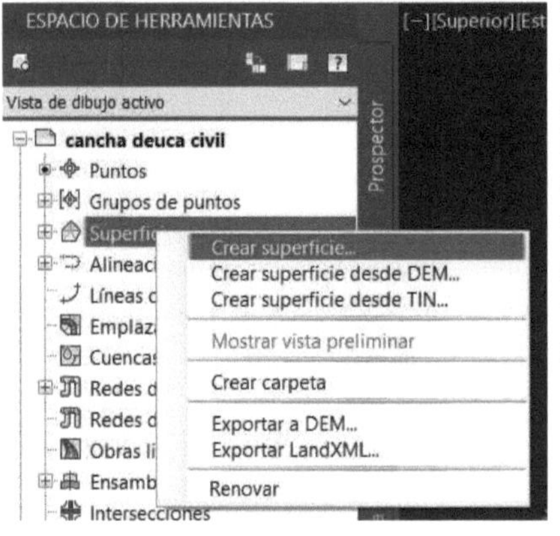

Una superficie en Civil 3D está construida sobre la base de principios matemáticos de geometría plana. Cada cara de una superficie se basa en tres puntos que definen un plano. Cada uno de estos planos triangulares comparte un borde con otro, y se hace una superficie continua. Esta metodología se conoce típicamente como red triangular irregular (TIN) (Probert, 2008),

Ilustración 17 Menú desplegable para la creación de superficies, apartado Prospector.

Una vez hecho esto, se abrirá el menú para crear una superficie ver Ilustración 18, que entrega por defecto una superficie TIN

En este menú, se dejarán las opciones por defecto y se acepta.

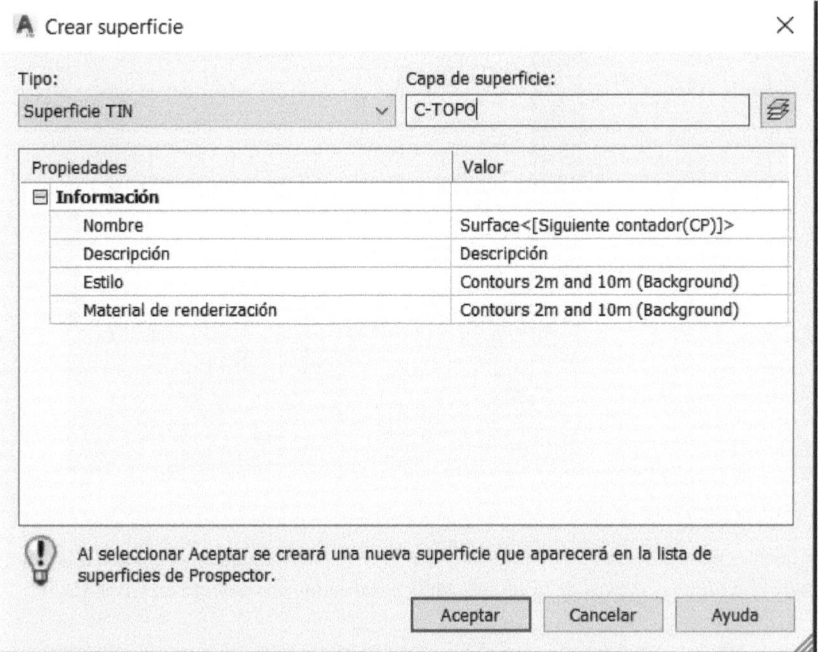

Ilustración 18 Creador de Superficies TIN, por defecto Surface.

Una vez hecho esto, se tendrá la superficie creada, pero sin información, es decir, no tiene ninguna nube de puntos asignada, es por eso que se deben agregar todos los puntos que importamos.

Para esto, en el apartado prospector, ampliar la sección superficies y por defecto aparecerá "Surface1", que es la que se acaba de crear, luego se procede a personalizarla. Ampliar nuevamente "Surface1" → abrir el desplegable "definición"→ clic derecho en grupo de puntos→añadir… y se abrirá el menú grupo de puntos, donde se selecciona "Todos los puntos", como se muestra en la Ilustración 19, se aplica y se acepta.

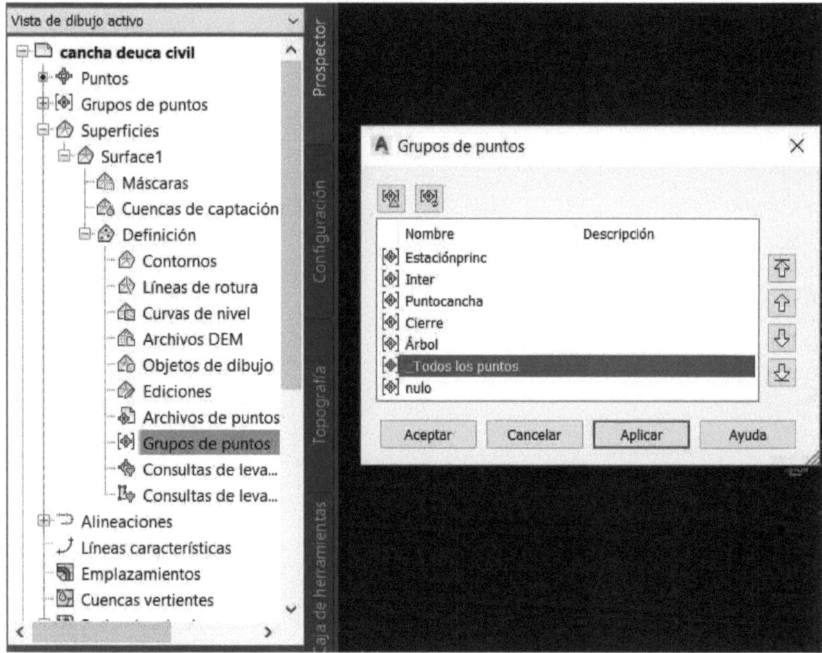

Ilustración 19 Adición de grupos de puntos a una superficie previamente creada.

Una vez hecho esto, aparecerá en pantalla la superficie que se ha creado, rodeando a la nube de puntos y con algunas curvas de nivel que vienen definidas por defecto en Civil 3D.

Para acceder al material de apoyo audiovisual "Video 4 creación de superficies", alojado en la plataforma youtube, acceder mediante el siguiente código QR.

O en el siguiente enlace:

https://www.youtube.com/watch?v=Ce-M0lVy0xs

2.2.   Personalización Estilo de superficie

Para poder definir a gusto la superficie creada, es necesario crear un estilo de superficie, al igual que se hizo para personalizar los puntos importados.

Para esto, en el apartado prospector → superficies → Surface1 → clic derecho → propiedades de superficie, lo que abrirá un menú similar al usado para crear estilos de puntos y etiquetas, ver Ilustración 20.

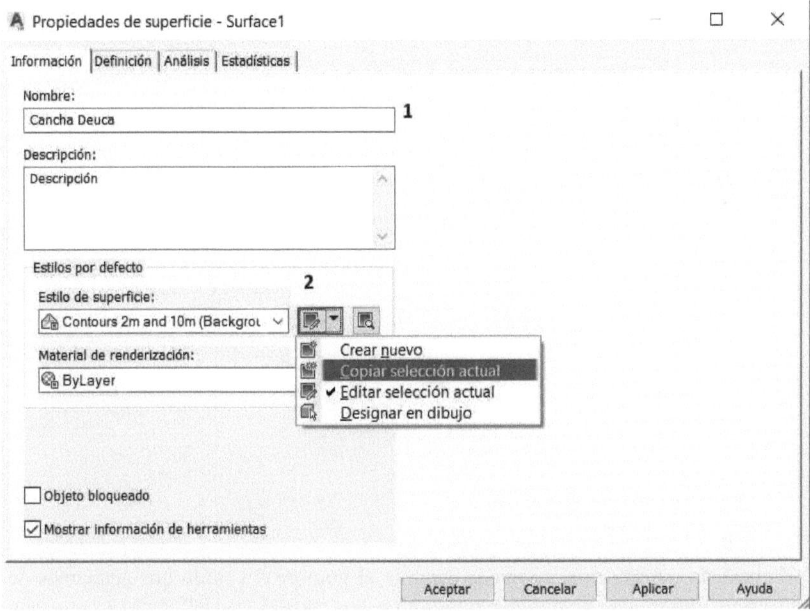

Ilustración 20 Propiedades de superficie, para su personalización.

1. Nombre, en este apartado se cambia el nombre de la superficie de Surface1 a Cancha Deuca.
2. Para el estilo de superficie se sigue el mismo paso que para los estilos de puntos, se abre el desplegable → clic en copiar selección actual, para evitar la edición en los estilos que entrega Civil 3D por defecto y se abrirá el menú de personalización que se ve en la Ilustración 21.

Dentro de este menú, se podrán definir las propiedades de las curvas de nivel, las cuales se generan realizando interpolaciones, esto quiere decir, triangulaciones entre los puntos pertenecientes a la nube, tomando sus respectivas coordenadas, norte, este y cota. (Arturo, Ernesto, & Javier, 2018)

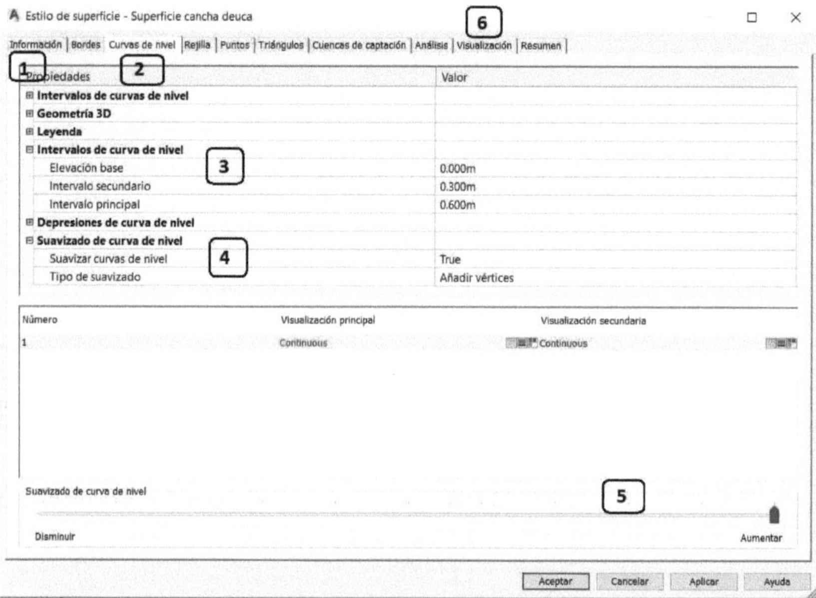

Ilustración 21 Herramienta de edición o creación de un estilo de superficie.

1. En la pestaña información, se puede cambiar el nombre del estilo que acabamos de copiar para editar, para el ejercicio, el nombre será "Estilo Deuca"
2. En la pestaña curvas de nivel, es donde están las configuraciones más importantes para el dibujo.
3. En el apartado Intervalos de curva de nivel, es posible cambiar los intervalos de diferencia de elevación para que se creen las curvas de nivel, para el caso del ejemplo, las curvas principales serán cada 0,6m de diferencia y las curvas secundarias cada 0,3m, esto es totalmente a decisión de quién lo realiza y de cuanta información se quiere mostrar gráficamente.

4. Suavizado de curva de nivel, sirve para mejorar la representación gráfica de las mismas, y evitar que la visualización sea la de una triangulación con muchos quiebres.

5. Es el control de suavizado, para el ejemplo y a modo de recomendación se sugiere aumentarlo al máximo.

6. En la pestaña visualización, se deben seleccionar las capas que serán visibles en el dibujo, para este caso, se activa la visibilidad de la capa borde, curva de nivel maestra y curva de nivel (secundaria), ver Ilustración 22.

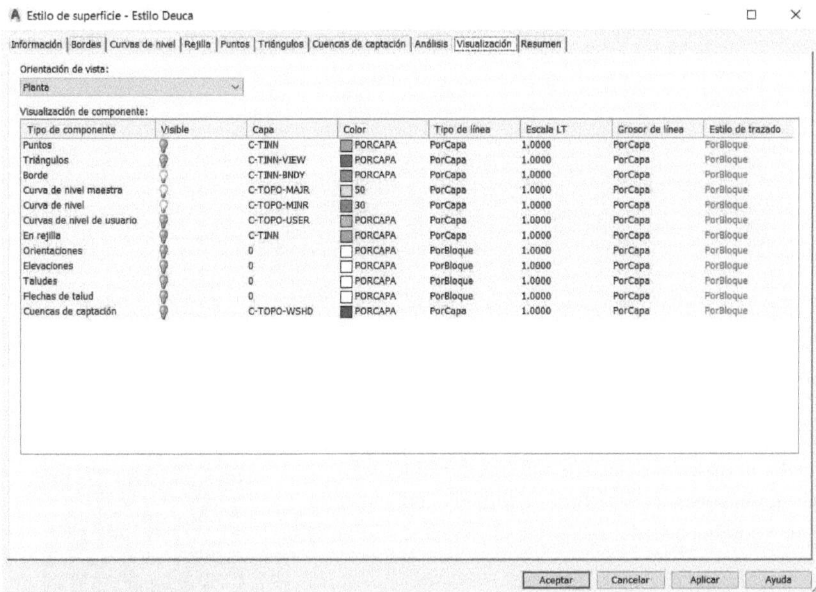

Ilustración 22 Pestaña visualización de la herramienta de creación o edición de estilos de superficie.

De esta forma, luego de aplicar y aceptar la edición del estilo de la superficie, el dibujo debería verse como en la Ilustración 23.

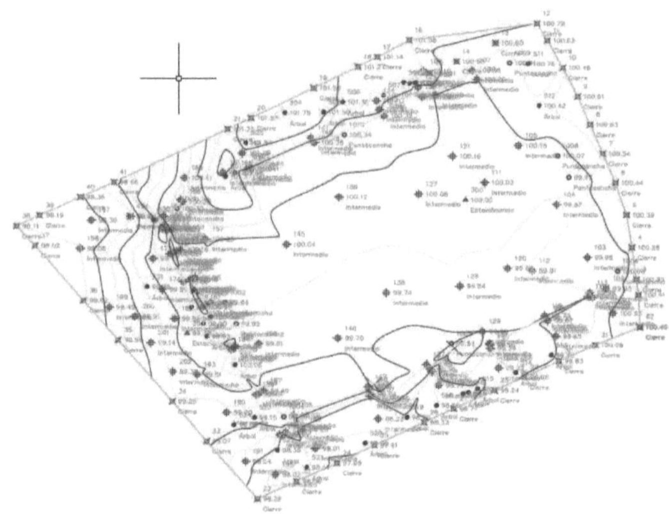

Ilustración 23 Vista previa, incluyendo superficie y curvas de nivel personalizadas.

Donde se ven las curvas de nivel principales, secundarias y el borde de la superficie, que en este caso sería el mismo que los puntos con el código "Cierre".

Para acceder al material de apoyo audiovisual "Video 5 personalización superficies y curvas de nivel", alojado en la plataforma youtube, acceder mediante el siguiente código QR.

O en el siguiente enlace:

https://www.youtube.com/watch?v=ey_kf_3ndY0&t=7s

2.3. Resumen Capítulo dos.

A lo largo del segundo capítulo del presente manual: creación de superficies y curvas de nivel, el lector debiese hacerse con la capacidad de crear una superficie a partir de una nube de puntos previamente insertada en el archivo de trabajo, sobre la cual podrá personalizar la visualización de las curvas de nivel presentes en el terreno a representar. Hasta este punto, ya se considera un archivo que entrega gran información sobre la naturaleza del terreno con el cual se esté trabajando, como serían los sectores de mayor elevación, quebradas, picos, etc.

Capítulo 3: Creación de alineamiento
(obtener perfil longitudinal y transversales).

3.1. Creación de Alineamiento

Para poder comenzar con la creación de alineamientos, es necesario haber seguido los pasos anteriores, esto quiere decir, tener una superficie creada a partir de una nube de puntos, con sus curvas de nivel representadas gráficamente.

Una vez esto realizado, en la barra de herramientas de Civil 3D, en la sección crear diseño, acceder a Alineación → Herramienta de creación de alineaciones → Nombre: Perfil Cancha Deuca → Aceptar, para el caso del ejemplo, sólo se cambia el nombre predeterminado del alineamiento por Perfil Cancha Deuca, no es necesario editar más opciones para definir el alineamiento. Una vez aceptado, se abre la herramienta de creación de alineaciones.

Ilustración 24 Herramienta de composición de alineamientos.

En la herramienta de composición de alineación, una vez creado el Perfil Cancha Deuca (Para el ejemplo), en la primera opción permite seleccionar la herramienta con la cual trazar el alineamiento, para este caso se utilizará "tangente con curvas", para poder simular un camino que atravesará la cancha del ejemplo.

Como recomendación se comenzará el trazado del alineamiento desde el punto más alto al punto más bajo del levantamiento.

Comúnmente, los topógrafos, utilizan polilíneas para describir el centro de camino, o que un ingeniero ambiental marque la ubicación de un nuevo canal, etc. Esto sucedía, al no tener conocimiento de Civil 3D, el uso de la polilínea para el diseño, si bien son útiles para mostrar donde debe ir algo, no entregan mayor información. Para hacer un uso completo de esta herramienta, Civil 3D puede trazar alineamientos gracias a las polilíneas. (Probert, 2008)

El trazado se comporta como una polilínea. Basta con hacer clic en dos puntos, para tener un alineamiento recto, que luego al cambiarlo de dirección, para formar un camino Civil 3D automáticamente creará curvas para mejorar su trazado.

A modo de ejemplo, se trazó el siguiente alineamiento de un camino que atraviesa la cancha Deuca y considera varias curvas, en la Ilustración 25 se puede ver una vista previa, que considera todas las etiquetas que entrega Civil 3D por defecto.

Ilustración 25 Vista previa alineamiento de un camino a modo de ejemplo.

Con este alineamiento creado, se puede personalizar que información se quiere hacer visible, para esto teniendo seleccionado el alineamiento, tal como se ve en la Ilustración 25Ilustración 26 → clic derecho → Editar etiquetas de alineación → eliminar con la cruz que aparece en las herramientas, todas las etiquetas que vienen por defecto.

Para el ejemplo, luego de borrar todas las etiquetas que aparecen por defecto en el alineamiento con la cruz a la derecha del botón de añadir, se agrega una nueva etiqueta la cual se ve en la Ilustración 26, para esto en el apartado Tipo→ P.K. principales, en estilo de etiqueta de P.K. principal → *perpendicular with tick* (para que la etiqueta sea perpendicular al objeto o alineamiento) → añadir, y aparecerá especificado en la ventana. En el apartado incremento se puede definir cada cuantos metros aparecerá la etiqueta de distancia acumulada, para el ejemplo se mantuvo cada 20m.

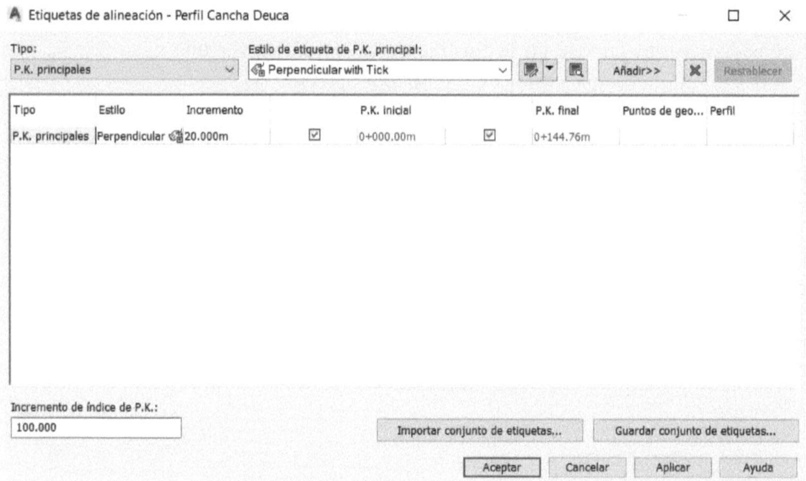

Ilustración 26 Herramienta de personalización de las etiquetas de un alineamiento.

Con esta etiqueta será suficiente para el ejemplo. Si en tipo, se especificara puntos geométricos, es posible añadir la información del inicio, fin y punto medio de cada curva del alineamiento. Para mantener un espacio de trabajo con menos datos, no se agregará esta etiqueta al alineamiento creado.

Para acceder al material de apoyo audiovisual "Video 6 Creación de Alineación Manual de civil 3D", alojado en la plataforma youtube, acceder mediante el siguiente código QR.

O en el siguiente enlace:

https://www.youtube.com/watch?v=zENzODfy2lA&t=9s

3.2. Perfil Longitudinal

En la topografía de ingeniería, se considera generalmente, una ruta, ya sea un camino, alcantarillas, canales, etc. Desde tres perspectivas distintas, la vista en planta, un perfil longitudinal, que es una vista horizontal o elevación lateral, en la que se destacan las características longitudinales. La sección transversal, muestra la vista final de una sección en un punto y en ángulo recto con el eje central (perfil longitudinal). Mediante estas tres representaciones, se tiene una vista con coordenadas X, Y, y Z. (Kavanagh & Mastin, 2014)

Para realizar los perfiles tanto longitudinales como transversales, es necesario que exista un alineamiento.

Una vez creado, al seleccionar el alineamiento, la barra de herramientas de Civil 3D, mostrará apartados dedicados a este objeto, entre ellos el apartado "centro de recursos" una vez en el → Seleccionar "perfil de superficie", y se desplegará el siguiente menú, ver Ilustración 27.

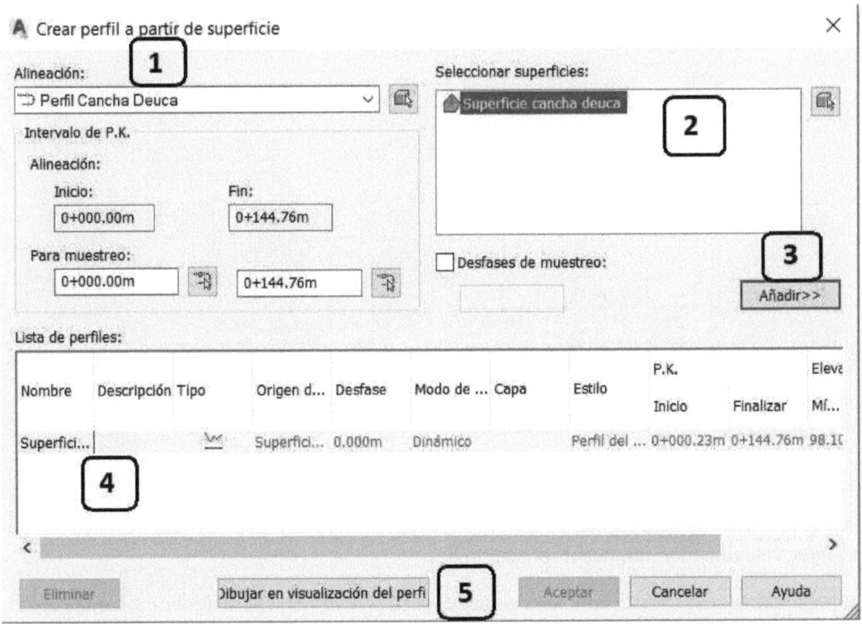

Ilustración 27 Herramienta crear perfil, para perfilar a partir de un alineamiento.

En este menú seguiremos los pasos enumerados.

1. Seleccionar el alineamiento ya creado, para el caso de este ejemplo "Perfil Cancha Deuca"
2. Seleccionar la superficie sobre la cual esta creado el alineamiento, en este caso "superficie cancha deuca".
3. Añadir el perfil de superficie.
4. En la lista de perfiles aparecerá el perfil que se acaba de añadir.
5. Dibujar en visualización del perfil, este botón desplegará un submenú para insertar el perfil creado en el dibujo de Civil 3D.

En este submenú, sólo es necesario el botón a la derecha de siguiente, "crear visualización del perfil", luego de hacer clic en este botón, el submenú se cerrará y es necesario elegir un sector del dibujo donde insertar el perfil creado.

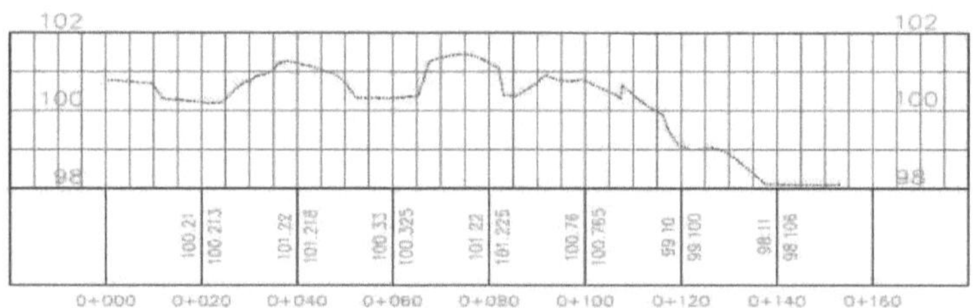

Ilustración 28 Vista previa exagerada por Civil 3D, de un perfil longitudinal a partir de un alineamiento.

Por defecto debería aparecer un perfil de esta naturaleza, ver Ilustración 28, o incluso más exagerado verticalmente, ya que Civil 3D por defecto amplifica las medidas verticales para una mejor visualización del perfil longitudinal.

Para personalizar esto, basta con seleccionar el perfil creado → clic derecho → Editar estilo de visualización del perfil… → en la pestaña gráfico → cambiar el valor de deformación vertical a 1.0 → aplicar y aceptar.

Siguiendo estos pasos se obtiene un perfil no exagerado como se ve en la Ilustración 29, que muestra las diferencias de nivel a lo largo del alineamiento.

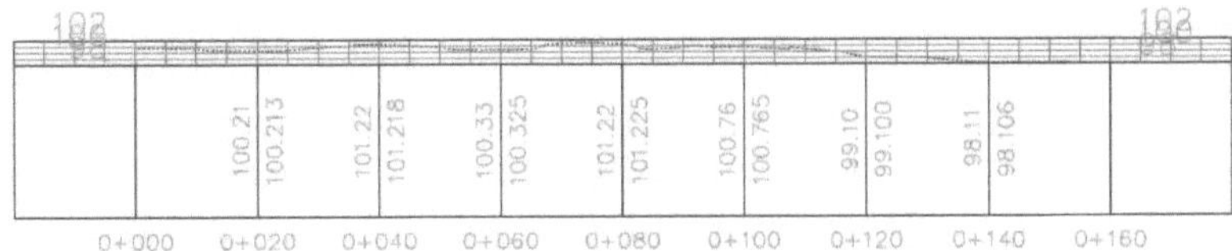

Ilustración 29 Vista previa perfil longitudinal sin exageración vertical.

Para acceder al material de apoyo audiovisual "Video 7 Perfil longitudinal a partir de un alineamiento", alojado en la plataforma YouTube, acceder mediante el siguiente código QR.

O en el siguiente enlace:

https://www.youtube.com/watch?v=jWDou52pezU&t=69s

3.3. Perfiles Transversales

Para crear perfiles transversales, es necesario que exista un alineamiento y su respectivo perfil longitudinal ya creados.

El método de los perfiles transversales, se usa casi exclusivamente para el cálculo de volúmenes de movimiento de material, en proyectos de construcción lineales, como serían los de vialidad. Para usar este procedimiento, debe estar definido el eje central (perfil longitudinal), en el cual se trazan en ángulo recto con el eje central, perfiles a una cierta distancia determinada, diez, veinte o treinta metros, según sea necesario. Este corte transversal sirve para observar las elevaciones que tiene el terreno y sus distancias perpendiculares a la izquierda y derecha del eje central. (Ghilani & Wolf, 2016).

Luego de tener creados ambos objetos, en la barra de herramientas de Civil 3D, inicio → apartado Visualizaciones de perfil y vistas en sección → seleccionar el segundo icono "Líneas de muestreo", al hacer clic, pedirá seleccionar el alineamiento y perfil longitudinal del cual se crearan los perfiles transversales → se selecciona y se abre el menú de creación de líneas de muestreo, solamente se especificará un nombre para estas, para el caso del ejemplo será "perfiles transversales" → aceptar.

Luego de especificar el nombre, quedará abierta la herramienta de líneas de muestreo Ilustración 30, en ella, seleccionar la herramienta indicada en la imagen y cambiar de "En un P.K." a "Por intervalo de P.K", al hacer este cambio, se abre un sub menú para definir las propiedades del perfil transversal, el cual se ve en la Ilustración 31.

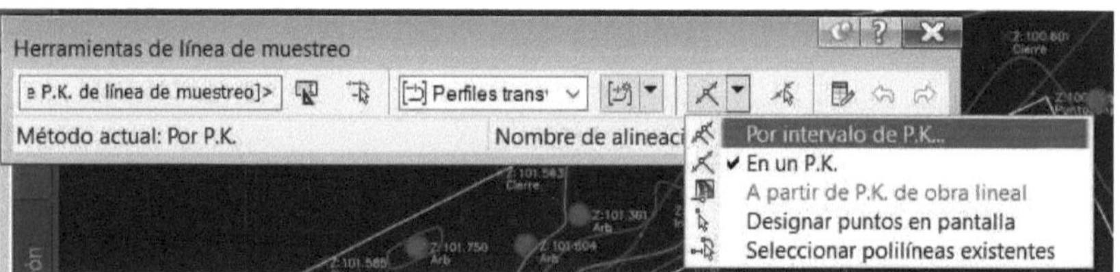

Ilustración 30 Herramienta de creación de líneas de muestreo (perfiles transversales)

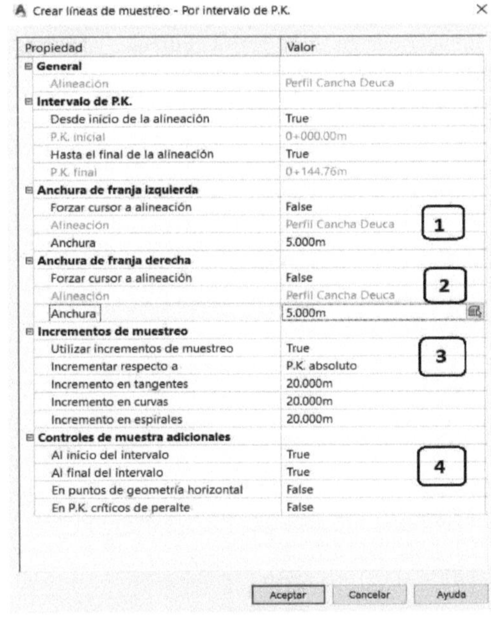

En este submenú, definiremos por pasos.

1. Ancho hacia la derecha del perfil transversal.

2. Ancho hacia la izquierda del perfil transversal.

3. El incremento de cada cuanta distancia irán los perfiles, se recomienda dejar los distintos incrementos con un mismo valor, para el ejemplo 20m.

4. Se debe cambiar el valor desde False a True en las opciones de inicio de intervalo y final de intervalo, de esta manera se consigue tener un perfil transversal del inicio y fin del alineamiento.

Ilustración 31 Personalización de los parámetros para crear líneas de muestreo (perfiles transversales)

Luego de aceptar en este submenú, aparecerán las secciones transversales visualizadas sobre el alineamiento y se continúa presionando ENTER para cerrar la herramienta de líneas de muestreo.

3.4. Visualización Perfiles Transversales.

Luego de los pasos anteriores, los perfiles trasversales ya están creados, pero no visualizados en el dibujo como cortes, para esto es necesario agregar su visualización, para esto basta seguir los siguientes pasos.

Barra de herramientas, Inicio → Apartado Visualizaciones del perfil y vistas en sección → seleccionar el tercer ícono "vistas en sección" → Crear varias vistas; se abrirá un menú similar al de visualización del perfil longitudinal, donde sólo importa el botón a la derecha de "siguiente", "crear vistas en sección", al hacer clic en él, se abrirá el dibujo, y se debe elegir un punto para insertar las varias vistas de los perfiles transversales.

Para el caso del ejemplo su visualización se ve en la Ilustración 32.

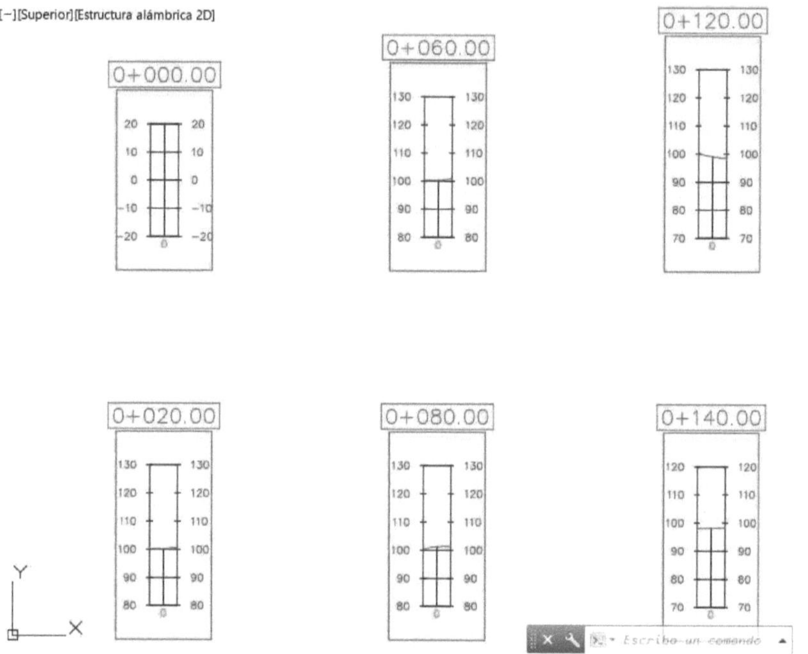

Ilustración 32 Vista previa de las líneas de muestreo creadas (perfiles transversales)

Donde se aprecian seis de los perfiles transversales, considerando cinco metros a cada lado del eje y comenzando en el inicio del alineamiento.

Con esto se da por terminado el apartado de importación de puntos, creación de superficies y alineamientos de este manual.

Para acceder al material de apoyo audiovisual "Video 8 Perfiles Transversales", alojado en la plataforma YouTube, acceder mediante el siguiente código QR.

O en el siguiente enlace:

https://www.youtube.com/watch?v=5L_vNS4o-ww&t=1s

3.5.   Resumen capítulo tres.

Finalizando el capítulo tres: Creación de alineamientos, el lector tendrá el conocimiento y las herramientas necesarias para obtener aún más información de un terreno que desee estudiar a través del uso de Civil 3D. Dichas herramientas son los perfiles, los cuales se obtendrán a partir de un alineamiento diseñado y creado según las especificaciones que se necesiten y desde este, el lector será capaz de extraer las visualizaciones longitudinales, y definir los parámetros necesarios para las representaciones transversales.

Capítulo 4: Lotificación

Para comenzar con la lotificación de un terreno previamente de debe realizar el levantamiento de este, luego se da paso a la importación de los datos obtenidos de la estación total a Autodesk Civil 3D.

4.1. Importación y personalización de puntos

En el apartado "Parte 1 importación de puntos" y "Parte 2 personalización de puntos" se detalla el procedimiento de cómo se debe traspasar los datos al software y como se pueden personalizar para una mejor visualización y comprensión de estos.

4.2. Configuración referencias objetos

Para dar comienzo al loteo se deben configurar la referencia objetos, para esto se debe ir a la paleta de herramientas que se encuentra en la parte inferior y dar clic en la flecha de referencia de objetos para desplegar las opciones, luego a parámetros de referencia de objetos, esto hará que se abra la siguiente ventana Ilustración 33.

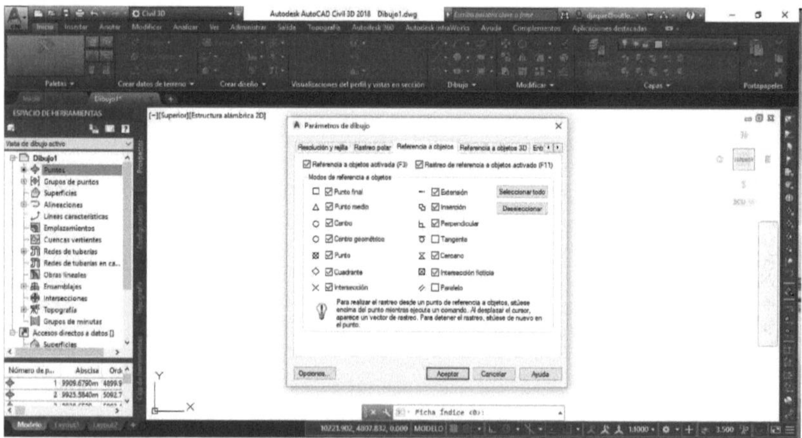

Ilustración 33 Configuración de los parámetros de dibujo.

Se activan las configuraciones necesarias para una mayor comodidad de trabajo.

4.3. Creación de parcelas

Luego de tener los puntos ya importados, personalizados y configurada la referencia de objetos se da paso a la creación de lotes o parcelas, para ello ir a inicio y en el apartado crear diseño, seleccionar "parcela", desplegar las opciones y dar clic en herramientas de creación de parcelas, ver Ilustración 34.

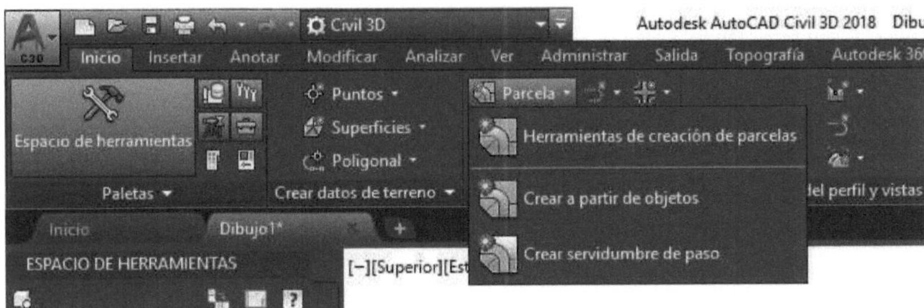

Ilustración 34 Menú desplegable de las herramientas de parcela.

Se abrirá el menú que se ve en la Ilustración 35.

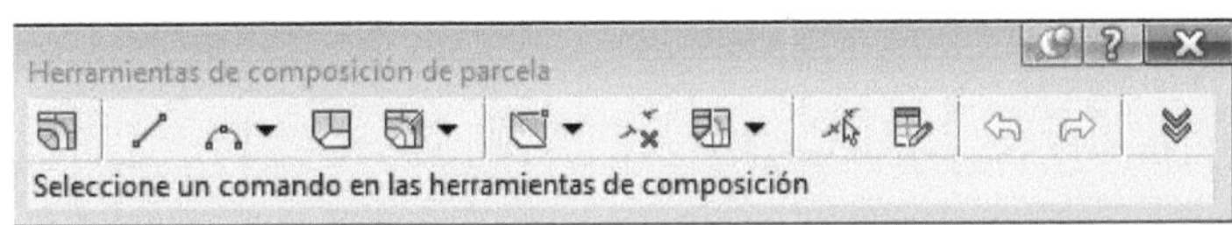

Ilustración 35 Herramientas de composición de parcela.

Luego dar clic en el cuarto ícono, "dibujar tangente", se abrirá el menú de la Ilustración 36, activar la casilla que dice "Añadir autom. Etiquetas de segmento" en la herramienta crear parcelas. Por último, clic en aceptar.

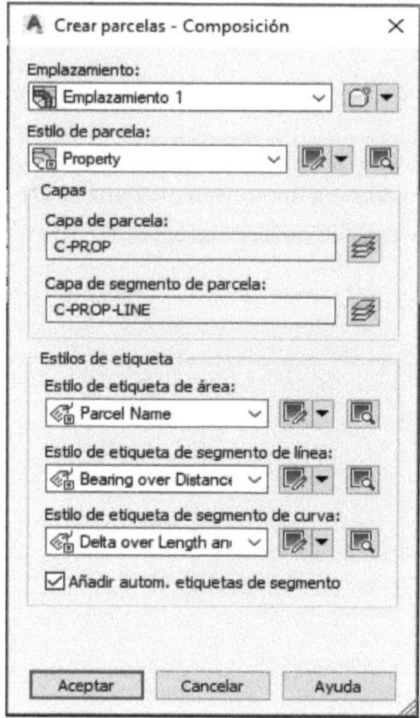

Ilustración 36 Herramienta Crear Parcelas.

Dar inicio a la unión de los vértices de la lotificación en la nube de puntos, como se ve en la **Ошибка! Источник ссылки не найден.**, al tener todos los puntos unidos, debería verse como la **Ошибка! Источник ссылки не найден.**, luego de esto pulsar dos veces enter.

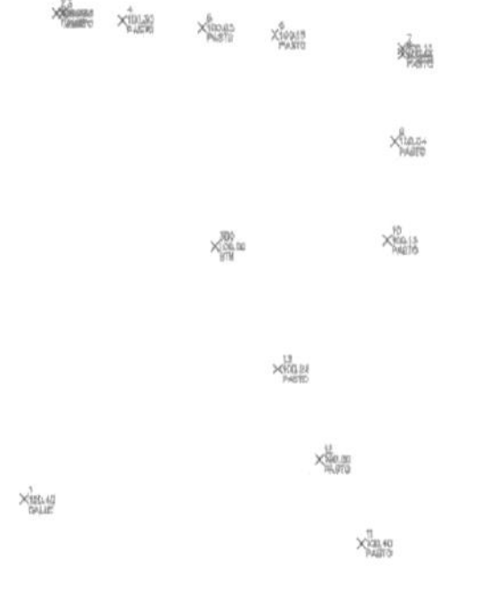

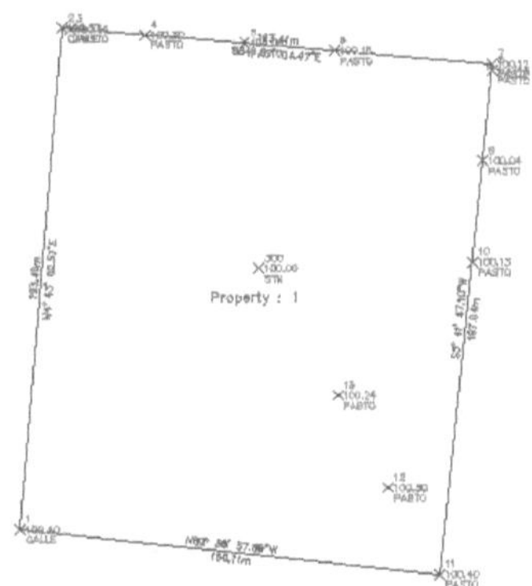

Ilustración 37 Vista previa nube de puntos e lotificación ejemplo.

Ilustración 38 Vista previa de Nube de puntos unidos por los vértices de la lotificación.

4.4.   Ocultar puntos

Para ocultar los puntos, dirigirse a la ventana prospector → grupo de puntos → clic en el botón derecho sobre el grupo de puntos que en este caso se llama loteo → propiedades, como se ve en la Ilustración 39 se abrirá el menú de la Ilustración 40→ estilo de puntos y etiquetas, seleccionar <ninguno> en cada desplegable, respectivamente como se ve en la Ilustración 41.

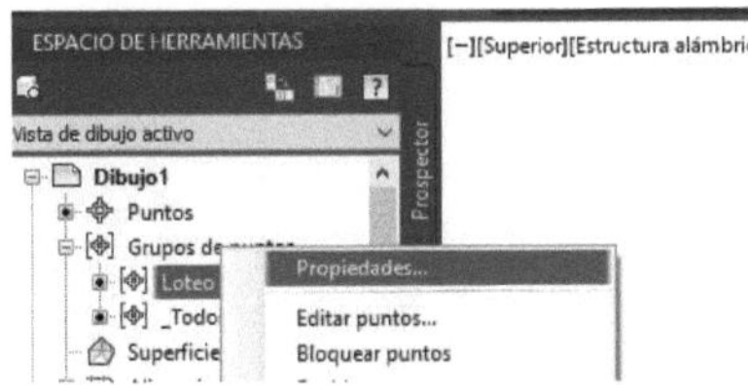

Ilustración 39 Clic derecho grupo de puntos "loteo", Propiedades de grupo de puntos.

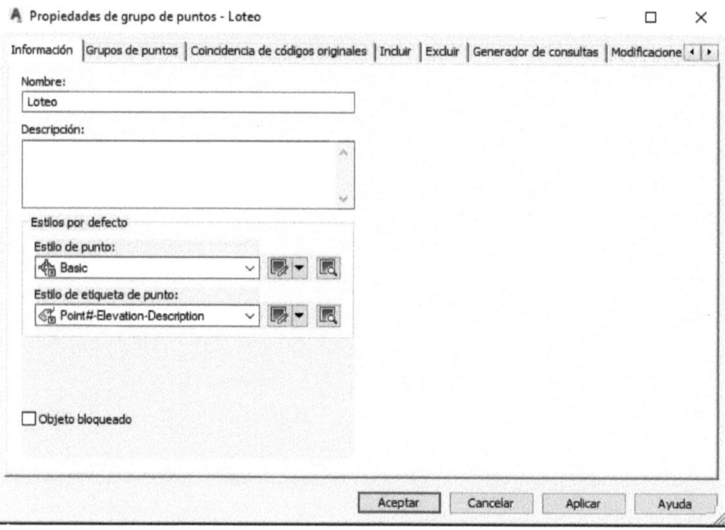

Ilustración 40 Menú de propiedades de grupo de puntos

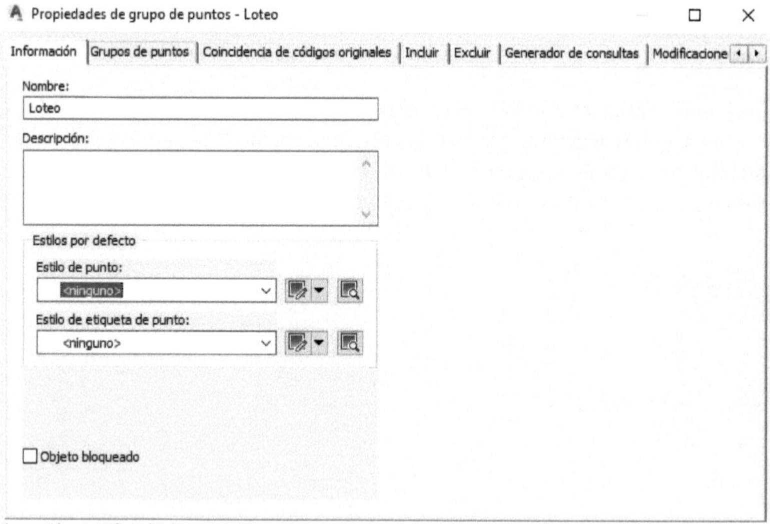

Ilustración 41 Definición de estilos de punto y etiqueta para el estilo "Nulo"

Clic en aplicar y aceptar con lo cual se obtendrá una vista previa como la Ilustración 42.

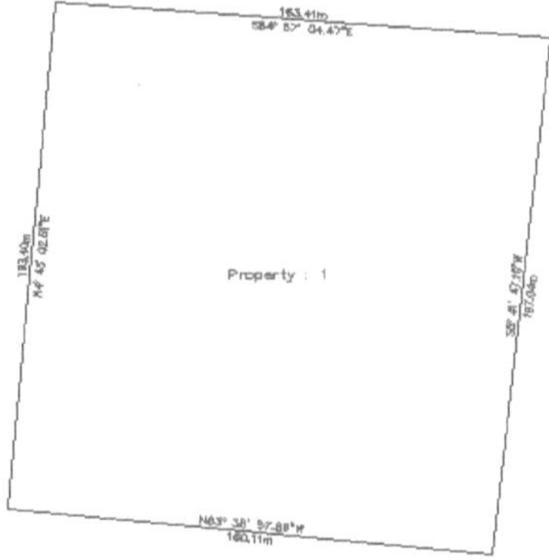

Ilustración 42 Vista previa Loteo con estilo de puntos "Nulo" activo.

4.5. Configuración de etiquetas

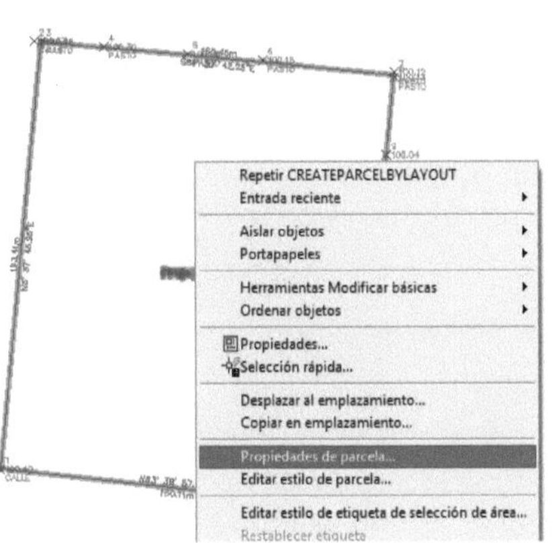

Para configurar las etiquetas ir a "Property : 1" y dar clic en el botón derecho → propiedades de parcela, ver Ilustración 43.

Ilustración 43Menú desplegable, propiedades del loteo.

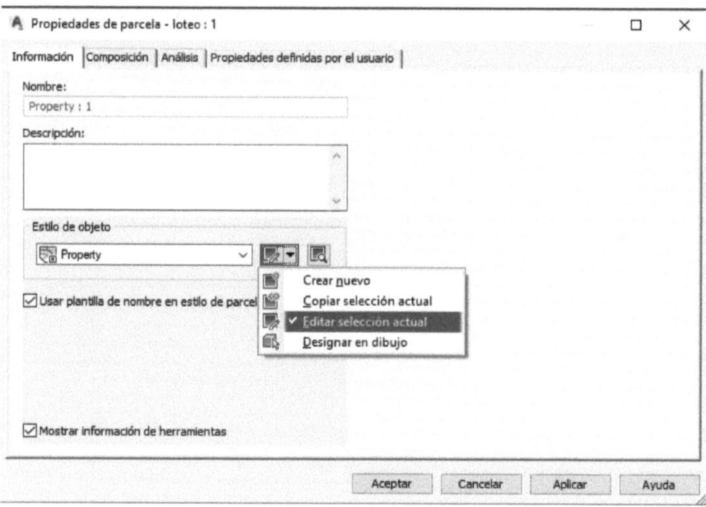

Ilustración 44 Propiedades de parcela, pestaña información

Primero para cambiar el nombre "Property" por Loteo ir a informacion → estilo de objeto → editar estilo actual como se ve en la Ilustración 44 y en la nueva ventana Ilustración 45, Resumen → Información y desplegar → en Nombre cambiar Property por Loteo → Aplicar y Aceptar

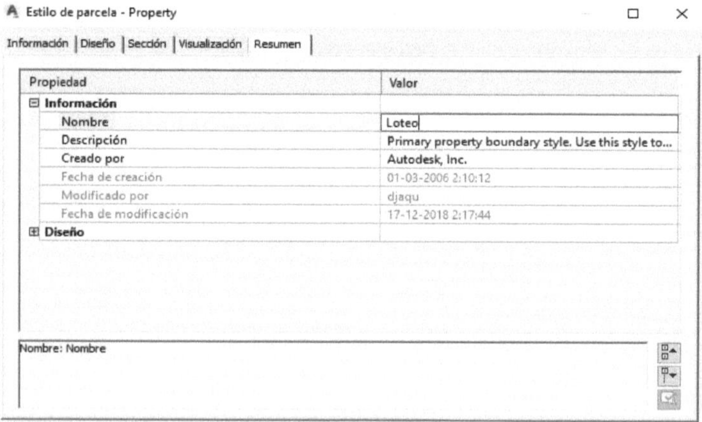

Ilustración 45 Pestaña resumen herramienta de personalización de estilo de parcela.

En la pestaña *Composición* es posible modificar el texto y bordes de las etiquetas

Ilustración 46, a continuación, se modificaran las unidades que por defecto aparecen en Acres, para ello ir a *Texto* → *Contenido* ver Ilustración 47 → seleccionar la información de área que sale en el recuadro → en Modificar → Unidades → cambiar el valor por "metro cuadrado" como se ve en la Ilustración 48 →Luego en Propiedades dar clic en la *flecha* que aparece → cambiar "AC" del recuadro por "m2" → Aceptar → por ultimo Aplicar y Aceptar.

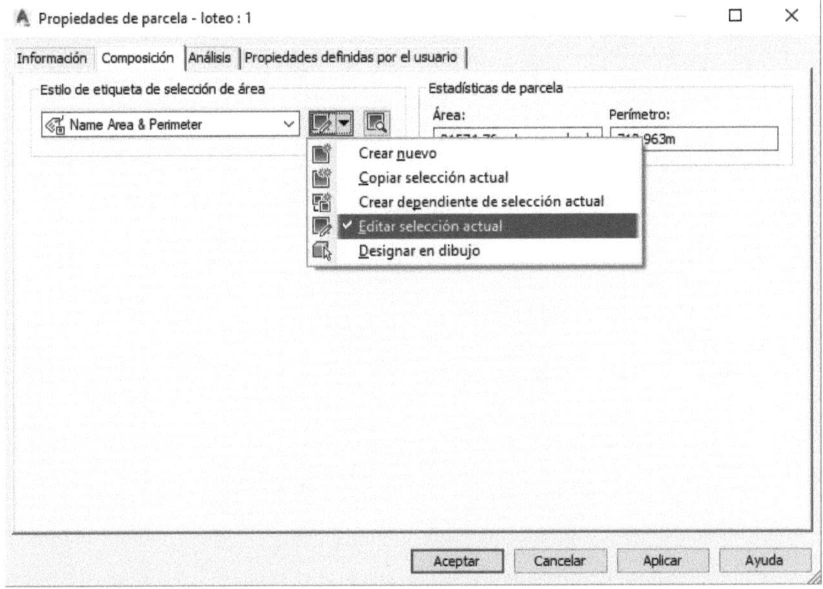

Ilustración 46 Pestaña Composición del menú de propiedades de Parcela.

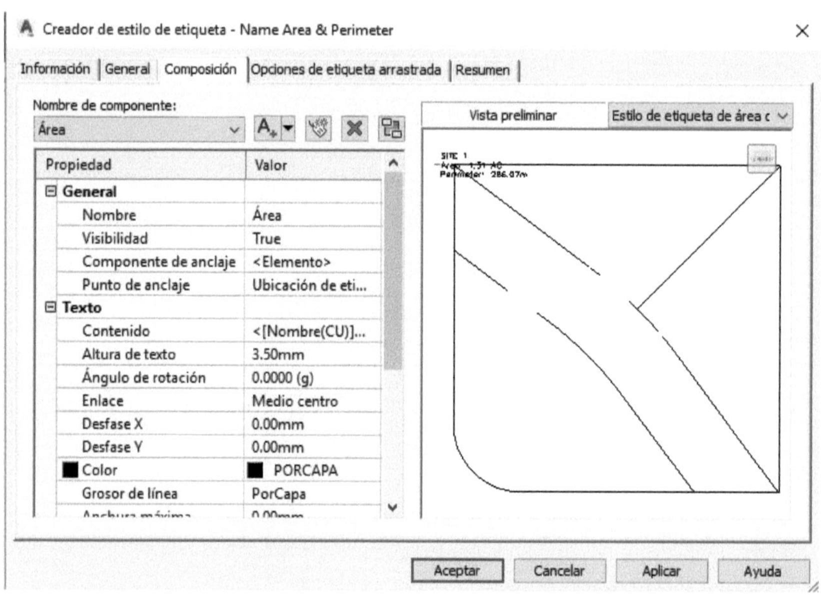

Ilustración 47 Menú creador de estilo de etiqueta de parcela, pestaña composición de propiedades de parcela.

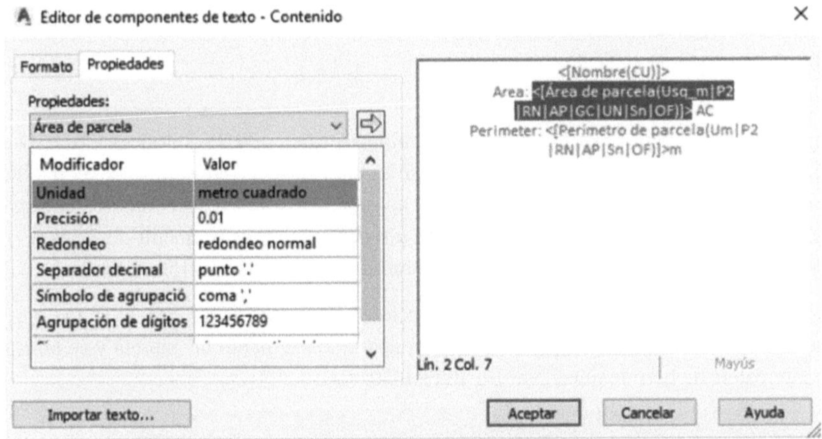

Ilustración 48 Editor de las componentes de texto, apartado composición de las propiedades de la parcela.

El nuevo formato de loteo queda como se muestra en la Ilustración 49.

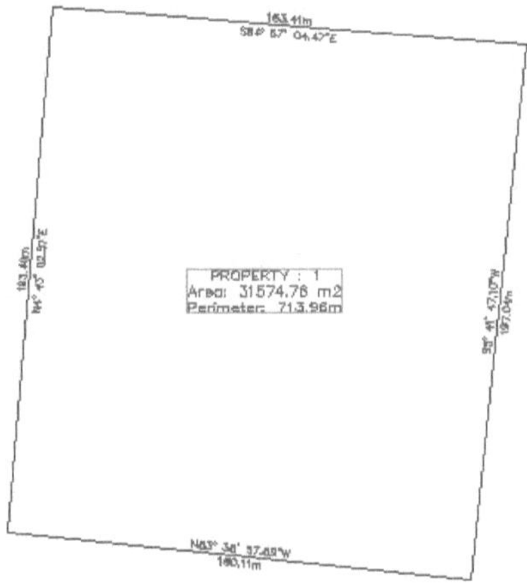

Ilustración 49 Vista previa loteo con etiquetas personalizadas.

4.6. División de parcelas.

Las parcelas se pueden generar convirtiendo entidades existentes de Autodesk Civil 3D o usando herramientas de composición más flexibles para automatizar el proceso, con lo que un cambio realizado a una parcela, se reflejará automáticamente en las parcelas aledañas, estas avanzadas herramientas de composición, ofrecen opciones para medir desfases, y distribuir las parcelas por profundidad y anchura mínimas (Núñez, 2015).

Para la división de parcelas o loteos, seleccionar el loteo y acceder a la opción de herramientas de composición de parcelas en el apartado segmento de parcela y se abrirá la siguiente paleta de herramientas, ver Ilustración 50.

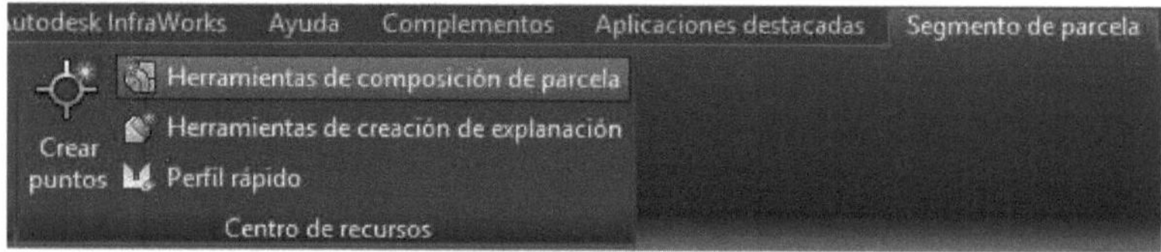

Ilustración 50 Apartado Segmento de parcela.

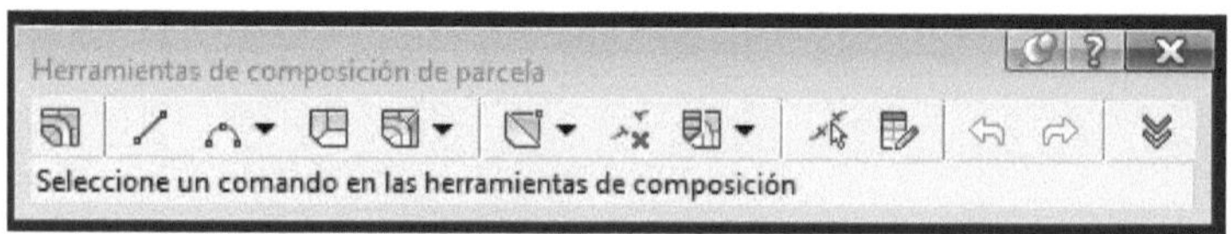

Ilustración 51 Herramienta de composición de parcela.

Dar clic en la doble flecha que se encuentra en el costado derecho de la Ilustración 51 para poder configurar la cantidad de divisiones que se requiere para el loteo, lo que desplegará el menú de la Ilustración 52.

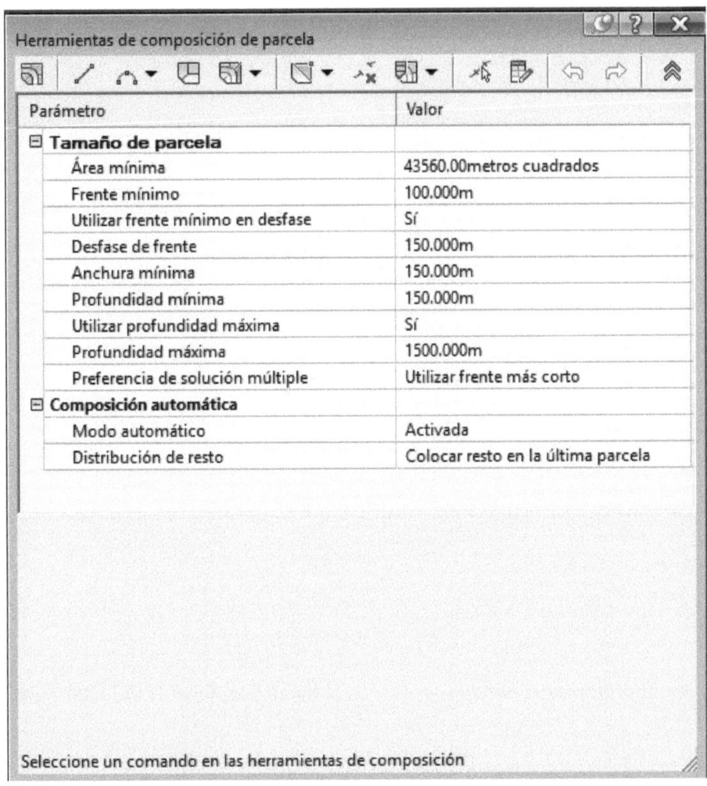

Ilustración 52 Configuración de la herramienta de composición de parcelas.

Para efectos del ejemplo el loteo, este se dividirá en 3, para ello el área total del loteo que es 31574,76 m2 se divide en 3 partes iguales y dando 10524,92 m2 cada parte, este valor se insertara en tamaño de parcela, *área mínima*. Para no tener problemas con la geometría de las parcelas, se dejan las opciones con los siguientes valores, estos valores pueden ir variando según el tamaño del loteo, pero para efectos de ejemplo se utilizaron los indicados en la Ilustración 53.

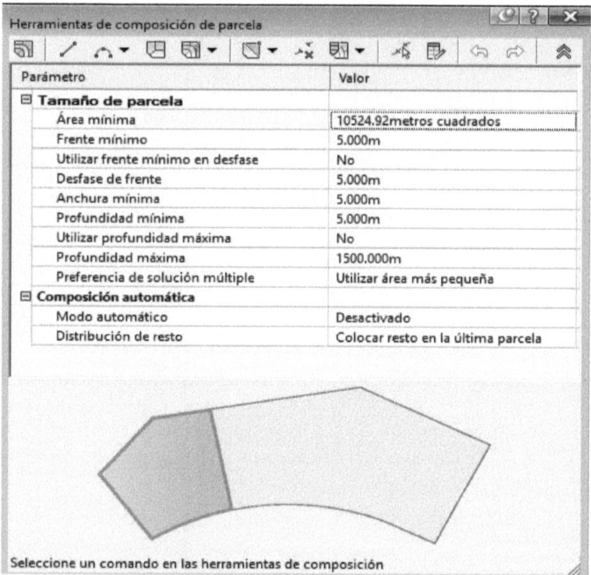

Ilustración 53 Valores asignados a la configuración de la herramienta de creación de parcelas.

Luego dar clic en la opción *línea de rotación – crear,* en el menú desplegable del ícono que se ve en la

Ilustración 54 con lo que se abrirá el menú que se ve en la Ilustración 55 para dar comienzo a la división. Verificar el estilo de etiquetas de área de la Ilustración 56 y aceptar.

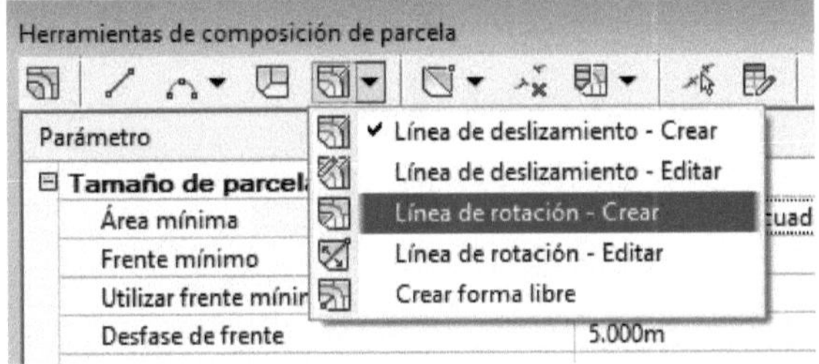

Ilustración 54 Herramienta de composición de parcela, crear línea de rotación.

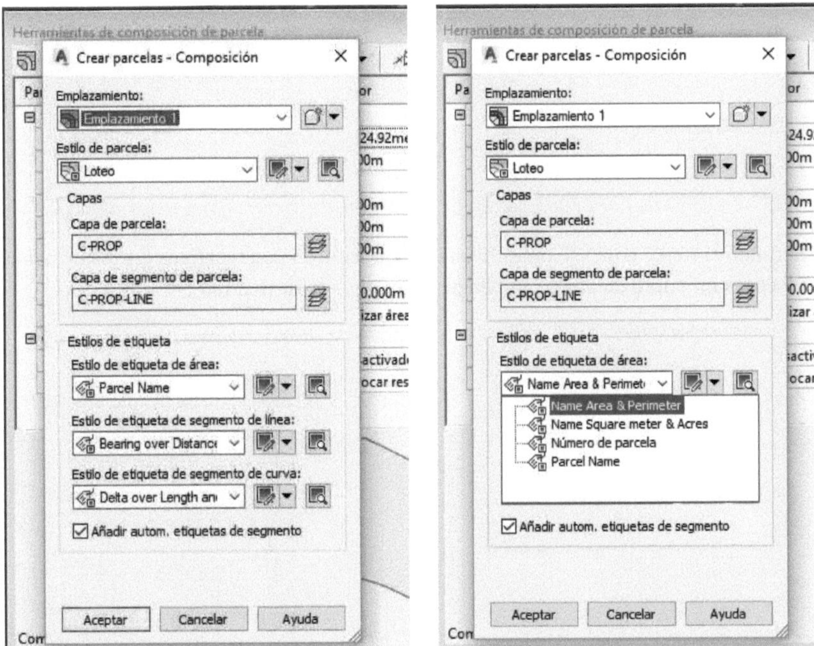

Ilustración 55 Herramienta crear, apartado línea de rotación.

Ilustración 56Herramienta crear, selección de etiqueta.

Luego indicar el punto de inicio de frente y el final, para ello dar clic en el punto de inicio y seguir trazando donde terminara este, como se ve en la Ilustración 57.

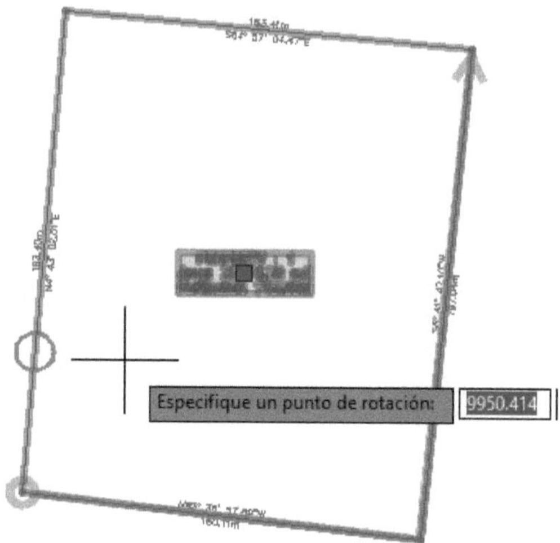

Ilustración 57 Trazado de punto de inicio y final del frente.

Al tener definido el frente como se muestra en la Ilustración 57 con una línea gruesa de color amarillo, escoger un punto en donde comenzar a dividir, ver Ilustración 58.

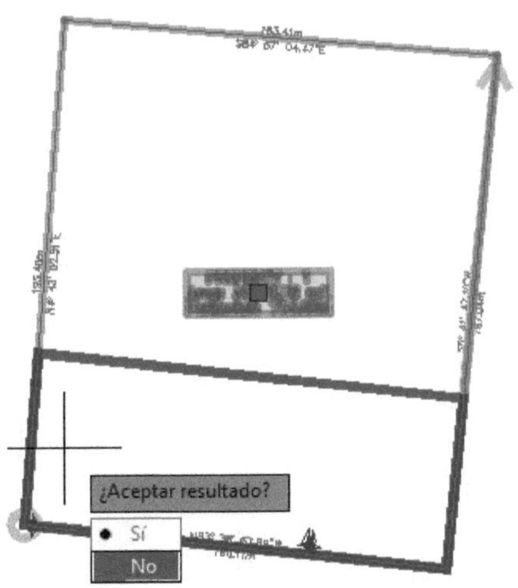

Ilustración 58 Creación de división de Loteo.

Si se acepta el resultado seleccionar la opción sí Ilustración 58, luego seleccionar el último punto, presionar enter para terminar y luego en escape, y con esto se termina de subdividir el loteo, lo cual entregaría un resultado como el de la Ilustración 59.

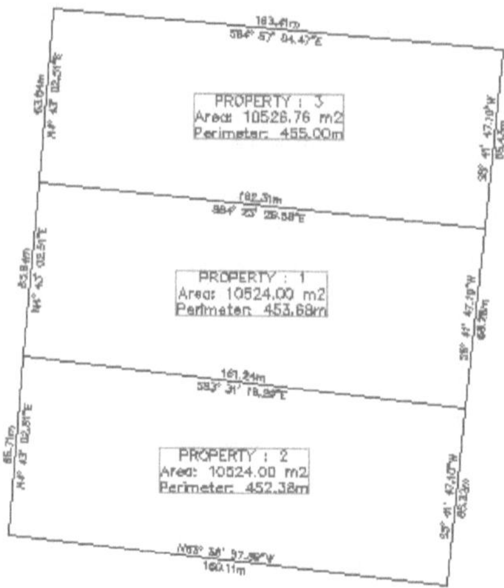

Ilustración 59 Vista previa final Sub divisiones Loteos.

Para acceder al material de apoyo audiovisual "Video 9 Lotificación", alojado en la plataforma YouTube, acceder mediante el siguiente código QR.

O en el siguiente enlace:

https://www.youtube.com/watch?v=qq4Nx8yUFRo&t=19s

4.7. Resumen Capítulo cuatro.

El capítulo final de este manual, está dirigido a otro tipo de trabajo realizado en un levantamiento, lo que entrega al lector otra herramienta sumamente útil en el mundo laboral, como lo es el loteo y subdivisión de terrenos o parcelas, pudiendo definir los parámetros y geometría de cada loteo, ya sea para uso agrícola, delimitación de propiedades, definición de terrenos para obras de extensión, etc. Civil 3D entrega todo esto de manera automática, facilitando y optimizando el proceso de lotificación de gran manera, y pudiendo editarse cualquier parámetro antes de obtener el resultado definitivo.

Conclusión.

Este libro permite al estudiante o profesional de Ingeniería desarrollar en tiempos mínimos dibujos de levantamientos topográficos, incorporación de curvas de nivel y lotificación, a través de un procedimiento guiado que le permite aprovechar las herramientas de un software de la potencia de Civil 3D, de una manera secuencial y ordenada, logrando así mejores resultados. Este libro pretende dejar en el lector una huella de aprendizaje, para ser profundizada por las ansias de conocimiento y mejoramiento personal tan característica de los estudiantes de ingeniería.

Uno de los aspectos más importantes de este trabajo es que bastan dos sesiones de estudio de este manual, en un tiempo aproximado de dos horas cada sesión, se logra dominar el contenido abarcado, considerando estas sesiones de forma teórica y práctica.

El lector tendrá las herramientas en Civil 3D, para interiorizarse dentro del entorno de trabajo BIM, teniendo ya una base de conocimiento en uno de los softwares más relevantes que conforman esta nueva forma de diseñar y materializar proyectos.

Bibliografía

Arturo, R. V., Ernesto, V., & Javier, G. (2018). *Topografía: Conceptos y aplicaciones.* Ecoe Ediciones.

Ghilani, C. D., & Wolf, &. (2016). *Elementary surveying.* Pearson Education UK.

Kavanagh, B. F., & Mastin. (2014). *Surveying Principles and Applications.* Boston University.

Núñez, R. C. (2015). *Creación de un tutorial paso a paso de uso académico para el software autodesk autocad civil 3D 2012.* Bucaramanga: Universidad Pontificia Bolivariana.

Probert, D. W. (2008). *Mastering AutoCAD Civil 3D 2008.* John Wiley & Sons.

Roe, A. G. (2007). Autodesk civil 3D moving closer to becoming the production tool of choice. *Cadalyst,* 28-30.

Schulz, B. (2009). Maximizing the value of BIM. . *Military Engineer,* 59-60.

yes
I want morebooks!

Buy your books fast and straightforward online - at one of world's fastest growing online book stores! Environmentally sound due to Print-on-Demand technologies.

Buy your books online at
www.morebooks.shop

¡Compre sus libros rápido y directo en internet, en una de las librerías en línea con mayor crecimiento en el mundo! Producción que protege el medio ambiente a través de las tecnologías de impresión bajo demanda.

Compre sus libros online en
www.morebooks.shop

KS OmniScriptum Publishing
Brivibas gatve 197
LV-1039 Riga, Latvia
Telefax: +371 686 204 55

info@omniscriptum.com
www.omniscriptum.com

Printed by Books on Demand GmbH, Norderstedt / Germany